NEOTROPISCHE TAGGECKOS

GONATODES ALBOGULARIS, GONATODES FUSCUS & GONATODES VITTATUS

Beate Röll

Weibchen von *Gonatodes fuscus* mit rotbraunen Flecken

Inhalt

Bildnachweis:
Titel: Männchen von *Gonatodes fuscus*
Kleines Bild: Kehle eines Männchens von *Gonatodes vittatus*
Seite 1: Weibchen von *Gonatodes vittatus*
Alle nicht anders gekennzeichneten Bilder stammen von der Autorin.

ISBN 978-3-86659-114-1

An der Kleimannbrücke 39/41
48157 Münster
www.ms-verlag.de

Geschäftsführung: Matthias Schmidt
Lektorat: Heiko Werning
Layout: Barbara Schmücker
Druck: Druckhaus Fromm, Osnabrück

Vorwort

DIE Geckos der Gattung *Gonatodes* sind kleine, überwiegend tagaktive Echsen, die ausschließlich in Süd- und Mittelamerika und auf Inseln der Karibik vorkommen. Da diese Regionen das Bioreich der Neotropis bilden, werden *Gonatodes*-Geckos auch als „Neotropische Taggeckos" bezeichnet. Sie gehören zu den Kugelfingergeckos oder sphaerodactylinen Geckos (Unterfamilie Sphaerodactylinae), deren fünf Gattungen allesamt auf die Neotropis beschränkt sind.

Viele Arten der Gattung *Gonatodes* zeichnen sich durch einen mehr oder weniger deutlichen Geschlechtsdichromatismus aus: Männchen und Weibchen weisen unterschiedliche Färbungen auf, wobei die männlichen Tiere auffälliger gefärbt sind. Die meisten *Gonatodes*-Männchen zeigen prachtvolle Farben und oftmals ornamentartige Muster. Eine außergewöhnliche und zugleich die kleinste *Gonatodes*-Art wurde 2005 beschrieben. Mit schwarz und rot eingefassten Ozellen auf dem Körper und einer leuchtend orange-roten Iris ist sie besonders farbenprächtig. Dieser auffällige Gecko erhielt den

wissenschaftlichen Namen *G. daudini*.

Neben der Färbung weisen *Gonatodes*-Arten noch weitere Besonderheiten auf. Sie gehören z. B. zu den relativ seltenen, überwiegend baumlebenden Geckos, die keine typischen Haftzehen haben.

Zum jetzigen Zeitpunkt sind über 20 *Gonatodes*-Arten bekannt. Die erste Art wurde – noch unter dem Gattungsnamen *Gymnodactylus* – im Jahre 1836 beschrieben, die bisher letzte Artbeschreibung stammt aus dem Jahre 2008. Im Handel oder auf Terrarienbörsen werden nur wenige Arten regelmäßiger angeboten. Hierzu gehören die Gelbkopf-Taggeckos *G. albogularis* und *G. fuscus* sowie der Streifen-Taggecko, *G. vittatus*, die in diesem Buch vorgestellt werden.

Neotropische Taggeckos lassen sich in Terrarien, die ihrem Lebensraum entsprechend eingerichtet sind, gut halten und auch vermehren. Dieses Buch über ausgewählte Arten der Gattung *Gonatodes* soll dem Leser die Biologie dieser kleinen, eher scheuen Echsen und ihre Besonderheiten nahebringen und damit bei der artgerechten Haltung und erfolgreichen Nachzucht helfen.

Beate Röll

Wennigsen, im Frühjahr 2009

Männchen von *Gonatodes vittatus* mit einer schwarz-weiß gemusterten Kehle und zwei weißen, ozellenartigen Flecken vor den Vorderbeinen

Systematik

DIE Systematik ordnet alle Organismen in einem hierarchisch strukturierten System an, das die stammesgeschichtlichen Verwandtschaftsbeziehungen zwischen den einzelnen Gruppen erfassen soll. Bei konsequenter Befolgung dieses Konzepts führen neuere (oder einfach nur andere) Erkenntnisse oft zu Umgruppierungen. Deshalb hat die systematische Einteilung von Organismen subjektive Aspekte. Dieses Buch folgt der gut eingeführten und praktikablen Einteilung nach BÖHME (2004). Hiernach gehört die Gattung *Gonatodes* neben vier weiteren Gattungen zur Unterfamile Sphaerodactylinae. Im Deutschen werden die sphaero-

Systematische Stellung der Gattung *Gonatodes* innerhalb der Chordata nach BÖHME (2004)

Stamm:	Chordata (Chordatiere)
Unterstamm:	Vertebrata oder Craniota (Wirbel- oder Schädeltiere)
Klasse:	Reptilia
Unterklasse:	Lepidosauria
Ordnung:	Squamata (Schuppenkriechtiere)
Unterordnung:	Sauria (Echsen)
Zwischenordnung:	Gekkota
Familie:	Gekkonidae
Unterfamilie:	Sphaerodactylinae
Gattung:	*Gonatodes*

Taxonomie und geographische Verbreitung der

DIE Gattung *Gonatodes* wurde 1843 von FITZINGER aufgestellt. Typusart ist *G. albogularis*, von DUMÉRIL & BRIBON 1836 zunächst als *Gymnodactylus albogularis* beschrieben. Unter einer Typusart versteht man diejenige Art, anhand derer eine Gattung erstmals beschrieben wurde. Auch nach der Aufstellung der neuen Gattung wurden noch etliche weitere *Gonatodes*-Arten meistens als Arten der Gattung *Gymnodactylus*, seltener als Arten der Gattung *Cyrtodactylus* beschrieben, und zwar aufgrund der sehr ähnlichen Morphologie der Zehen. Umgekehrt wurden auch mehre-

Männchen von *Gonatodes fuscus*

dactylinen Geckos insgesamt (nach der Typusgattung *Sphaerodactylus*) als Kugelfingergeckos bezeichnet.
Die Angehörigen der Unterfamilie Sphaerodactylinae kommen ausschließlich in Süd- und Mittelamerika und auf den Inseln in der Karibik vor. Manche Arten wurden allerdings auch verschleppt, so z. B. *Sphaerodactylus argus* und *Gonatodes fuscus* nach Nordamerika (Florida). Die Gattung *Sphaerodactylus* ist mit ca. 95 Arten die weitaus größte, die anderen vier Gattungen umfassen nur je 5–20 Arten. Die meisten Arten der Sphaerodactylinae sind tag- und/oder dämmerungsaktiv und weisen daher in der Regel eine runde oder ovale Pupille auf.

Männchen von *Gonatodes annularis* mit einer auffällig blauen Iris. Bei den Männchen dieser Art gibt es zwei Farbformen. Sie können auch gelb-orangefarbene bzw. oliv-grüne Flecken auf Kopf und Vorderkörper bzw. Hinterkörper aufweisen. Foto: E. Schröder

Gattung *Gonatodes*

re Arten der Gattung *Cnemaspis* wegen der großen Ähnlichkeit der Zehenmorphologie zuerst zur Gattung *Gonatodes* gestellt. *Cnemaspis*-Geckos sind wie die Arten der Gattung *Gonatodes* überwiegend tagaktive, kleine Echsen, die aber nicht in Amerika, sondern in Teilen Asiens und Afrikas verbreitet sind und ähnliche ökologische Ansprüche wie *Gonatodes* stellen.

Phylogenetisch – also stammesgeschichtlich – betrachtet stellt die Gattung *Gonatodes* nach KLUGE (1995) die basale Gruppe innerhalb der sphaerodactylinen Geckos dar.

Männchen von *Gonatodes ceciliae* mit einer Zeichnung aus gelben, schwarz eingefaßten Streifen und Flecken auf Kopf, Hals und Körper. Weibchen sind beige-bräunlich gefleckt und haben ein angedeutetes helleres Vertebralband. Foto: E. Schröder

Zur Zeit umfasst die Gattung 23 Arten. *Gonatodes fuscus* – zunächst als Art beschrieben, aber oft als Unterart von *G. albogularis* behandelt – wird hier als eigene Art betrachtet. Von allen *Gonatodes*-Arten sind die meisten – nämlich 15 – nur auf dem südamerikanischen Festland zu finden. Allerdings wurde *G. caudiscutatus*, ursprünglich nur in Ecuador und Kolumbien verbreitet, auf die Isla San Cristóbal (Chatham), die östlichste der Galapagos-Inseln, verschleppt. Zwei Arten kommen darüber hinaus auf Trinidad und/oder Tobago vor, die jedoch als Kontinentalinseln geologisch und faunistisch zu Südamerika gerechnet werden. Zwei Arten leben aussschließlich auf Inseln: *G. ocellatus* auf Tobago und *G. daudini* auf Union Island (Grenadinen, Kleine Antillen). Zwei Arten (*G. antillensis*, *G. vittatus*) findet man in Südamerika und auf den An-

Kennzeichen aller *Gonatodes*-Arten

GECKOS der Gattung *Gonatodes* sind kleine Echsen; sie erreichen durchschnittlich eine Gesamtlänge von 80–100 mm. Die bisher kleinste Art ist *G. daudini* mit einer Kopf-Rumpf-Länge (KRL) von 30 mm und einer Schwanzlänge von 26 mm bei Männchen. Bei vielen Arten sind die Männchen einige Millimeter (in der Regel nur 2–5, bei manchen bis zu 10 mm) größer als die Weibchen; bei einigen sind die Geschlechter gleich groß und nur bei wenigen Arten sind die Männchen einige Millimeter kleiner. Die bisher größte Art – von der bisher nur Weibchen bekannt sind – ist *G. infernalis* mit einer KRL von bis zu 65 mm. Die nächstgrößten Arten sind *G. annularis* und *G. tapajonicus*, bei denen die Weibchen eine maximale KRL von 55 mm erreichen können, und die Art *G. ceciliae*, bei der die Männchen eine maximale KRL von 51 mm aufweisen können.

Beide Geschlechter haben einen ziemlich schlanken, im Querschnitt fast runden oder leicht dorsoventral (vom Rücken [dorsum] zum Bauch [ventrum] hin) abgeflachten Körper mit gut ausgebildeten Vorder- und Hinterextremitäten. Die langen,

Arten der Gattung *Gonatodes* Fitzinger, 1843

G. albogularis (Duméril & Bibron, 1836)
G. alexandermendesi Cole & Kok, 2006
G. annularis Boulenger, 1887
G. antillensis (Lidth de Jeune, 1887)
G. atricullaris Noble, 1921
G. caudiscutatus (Günther, 1859)
G. ceciliae Donoso-Barros, 1965
G. concinnatus (O'Shaughnessy, 1881)
G. daudini Powell & Henderson, 2005
G. eladioi Nascimento, Cunha & Avila-Pires, 1987
G. falconensis Shreve, 1947
G. fuscus (Hallowell, 1855)
G. hasemani Griffin, 1917
G. humeralis (Guichenot, 1855)
G. infernalis Rivas & Schargel, 2008
G. ocellatus (Gray, 1831)
G. petersi Donoso-Barros, 1967
G. purpurogularis Esqueda, 2004
G. seigliei Donoso-Barros, 1965
G. superciliaris Barrio-Amorós & Brewer-Carías, 2008
G. taniae Roze, 1963
G. tapaconicus Rodrigues, 1980
G. vittatus (Wiegmann, 1856)

tillen. Nur zwei Arten – *G. albogularis* und *G. fuscus* – sind sowohl auf dem mittel- als auch auf dem südamerikanischen Festland und auf Inseln der Karibik vertreten.

mit Krallen versehenen Zehen ermöglichen eine schnelle und sichere Fortbewegungsweise auch an senkrechten, rauen Flächen.

Der sich zur Spitze hin verjüngende Schwanz ist bei den meisten Arten länger als die KRL (ca. 1,1 bis maximal 1,8 Mal so lang). Die Schwanzspitze selbst ist abgerundet. *Gonatodes* besitzen wie andere Geckos auch die Fähigkeit, ihren Schwanz auf äußere Reize hin abzuwerfen (Schwanzautotomie). Der Schwanz bricht an sog. Sollbruchstellen innerhalb der Wirbel. Der fehlende Teil wächst innerhalb von 2–4 Monaten mehr oder weniger gut wieder nach, unterscheidet sich aber meistens in Länge, Art der Beschuppung und Farbe bzw. Farbmuster vom Originalschwanz. Außerdem bildet das Schwanzregenerat anstelle von knöchernen Wirbeln einen Knorpelstab aus. Nach Verlust des gesamten Schwanzes wächst bei *Gonatodes* meist ein Schwanzregenerat, das erheblich kürzer bleibt als das Original.

Der leicht abgeflachte Kopf ist schmal, bis zu den Augen nur etwas breiter als die Halsregion und endet in einer abgerundeten Schnauze.

***Gonatodes caudiscutatus*, Männchen mit gelb-grau gemustertem Kopf** Foto: R. Hilgenhof

***Gonatodes caudiscutatus*, Weibchen mit grau-braun gefärbtem Kopf** Foto: R. Hilgenhof

Anhand von Größe und Gestalt können geschlechtsreife Männchen und Weibchen also nicht ohne Weiteres voneinander unterschieden werden, wohl aber an ihrer Färbung: Fast alle Arten (mit Ausnahme von *G. daudini* – R. POWELL, schriftl. Mittlg. an H. WERNING – und vielleicht *G. infernalis*) zeichnen sich durch einen Geschlechtsdichromatismus aus, wobei die männlichen Tiere prachtvoller gefärbt sind und oft auffälligere Zeichnungen ausbilden. Weibchen weisen überwiegend bräunliche Farben und Muster auf. Der Geschlechtsdichromatismus ist nicht bei allen Arten gleich deutlich ausgeprägt. *Gonatodes ceciliae* zeigt z. B. einen auffälligen Unterschied in der Färbung der beiden Geschlechter, während bei *G. caudiscutatus* der Unterschied im Wesentlichen auf die Kopffärbung beschränkt ist. Weibchen von *G. infernalis* weisen im Gegensatz zu anderen *Gonatodes*-Weibchen keinerlei Zeichnung auf: ihr Rücken ist einfarbig bräunlich und ihr Kopf leicht gelb.

WUSSTEN SIE SCHON?

Die äußerste Schicht der Schuppen – das Stratum corneum – besteht bei *Gonatodes* wie bei allen squamaten Echsen und Schlangen aus verhornten, abgestorbenen Zellen und wird in regelmäßigen Abständen durch eine Häutung erneuert. Adulte Tiere häuten sich alle 5-6 Wochen, Jungtiere in Intervallen von 3-4 Wochen. *Gonatodes* streifen die alte Hautschicht in Stücken ab, die in der Regel anschließend gefressen werden.

Haut

Die Haut von *Gonatodes* bildet wie bei anderen Geckos Schuppen, die recht unterschiedlich aussehen können: einzeln liegende Körnerschuppen (granuläre Schuppen) und dachziegelartige, sich überlappende (imbricate) Schuppen, die jeweils glatt oder gekielt sein können. Größere Schuppen werden auch als Schilde bezeichnet.

Fast alle *Gonatodes*-Geckos weisen dorsal (auf dem Rücken) kleine, nebeneinander liegende, granuläre Schuppen auf. Nur *G. daudini* besitzt hier bedeutend größere Schuppen. Die etwas größeren ventralen Schuppen (auf der Bauchseite) sind flach, glatt und dachziegelartig. Die Kopfoberseite weist neben den größeren Schilden wie dem Rostrale (Schnauzenschild), den Nasalia (Nasenschilde) und den Supralabialia (Oberlippenschilde) granuläre Schuppen auf. Typisch für die Gattung *Gonatodes* ist ein sehr großes, mehr oder weniger rhomboidförmiges Mentale, an das 2–3 Postmentalia (Hinterkinnschilde) anschließen. Die ersten beiden Paare oder – seltener – nur das erste Paar der Sublabialia (Unterlippenschilde) sind wesentlich größer als die folgenden, die ihrerseits gleichmäßig von vorn nach hinten zum Mundwinkel in der Größe abnehmen. Die jeweils letzten Sublabialia am Mundwinkel sind geradezu winzig. Der Schwanz weist im Allgemeinen auf der Oberseite granuläre Schuppen und auf der Unterseite flache, glatte Schuppen auf. Die in der Mitte gelegenen, etwas vergrößerten Subcaudalia (Schuppen der Schwanzunterseite) können bei manchen Arten quer verbreitert sein.

Viele *Gonatodes* nutzen als Fluchttechnik nicht nur ihre Fähigkeit, den Schwanz abzuwerfen, sondern auch eine Art „Schreckhäutung". In Schrecksituationen, etwa nach grober Berührung, können *Gonatodes* größere Bereiche ihrer Haut verlieren. An diesen Stellen wird die Haut aber innerhalb kurzer Zeit regeneriert. Reptilien verdunsten aufgrund ihrer mehr oder weniger wasserundurchlassigen Schuppenhaut nur wenig Wasser an der Körperoberfläche, verlieren aber Wasser über die Lungen bei der Atmung.

WUSSTEN SIE SCHON?

Je kleiner eine Echse ist, desto ungünstiger ist das Verhältnis Körpergewicht zu Körperoberfläche. Sehr kleine Geckos laufen damit Gefahr, auszutrocknen. Der bisher kleinste *Gonatodes*, *G. daudini*, vermeidet sowohl Austrocknung als auch Überhitzung durch die Wahl eines geeigneten Mikrohabitats innerhalb seines Lebensraums. Die Art kommt in trockenen, lichten Wäldern vor. Genau wie viele der oft winzigen Kugelfingergeckos der Gattung *Sphaerodactylus* findet man *G. daudini* in der Laubschicht, zwischen Steinen und unter vermodernden Baumstämmen, also an Standorten mit relativ konstanter, höherer Luftfeuchtigkeit und niedrigeren Temperaturen. Andere, vor allem größere Arten, wie z. B. *G. albogularis*, sind gegenüber Schwankungen der relativen Feuchtigkeit in ihrer Umgebung nicht so empfindlich.

Zehen

Alle fünf Zehen der Vorder- und Hinterfüße sind schlank, geringfügig unterschiedlich lang und tragen eine endständige, nicht rückziehbare Kralle, die von 2–4 basalen Schuppen umfasst wird. Jeweils der erste Zeh ist der kürzeste und der vierte Zeh der längste. Bei einem aufgesetzten Fuß sind die Zehen meist wie die Speichen eines Rades angeordnet. Die Zehen weisen einen leichten, aber deutlich sichtbaren Knick auf, sodass der distale (vom Körperzentrum entferntere) Teil der Zehen etwas nach oben gewölbt ist. Dadurch wird ein effizienteres Aufsetzen der relativ großen Krallen ermöglicht.

Alle Zehen haben an ihrer Unterseite eine einzige Reihe von quer verlaufenden Schuppen, die im proximalen (näher zum Körperzentrum gelegene) Teil bis zur „Knickstelle" breiter und im distalen Teil zur Zehenspitze hin schmaler sind.

WUSSTEN SIE SCHON?

Die Angehörigen der Gattung Gonatodes werden im Englischen als „padless" – was soviel wie „ohne Haftpolster" heißt – bezeichnet; sie haben also keine auffälligen Haftschuppen, die mit den für Geckos typischen, mikroskopisch feinen, aus Keratin bestehenden Haftborsten, auch Setae genannt, besetzt sind. Untersucht man allerdings die auf der Unterseite der Zehen proximal verbreiterten Schuppen mit einem Rasterelektronenmikroskop, so entdeckt man an ihrem Rand Härchen, die an ihrem Ende hakenförmig in Richtung Fußbasis gekrümmt sind. In der Mitte dieser besonderen Schuppen sind die Härchen länger und – was wichtiger ist – ein- bis zweifach verzweigt mit ebenfalls gekrümmten, etwas spatelförmig verbreiterten Enden! Damit gleichen diese Härchen sehr den normalen Haftborsten anderer Geckos, sie sind nur sehr viel kürzer. Selbst diese wenigen, kurzen „Haftborsten" können unterstützend für den Halt an vertikalen Flächen wirken. Beobachtet man die Geckos genau, dann kann man nämlich sehen, dass sie den proximalen Zehenanteil – also den Zehenanteil bis zum Knick – häufig an den Untergrund drücken.

Vorderfuß von *Gonatodes fuscus*. Nur der erste Zeh ist merkbar kürzer als die anderen.

Hinterfuß von *Gonatodes fuscus*

Unterseite des Hinterfußes von *Gonatodes vittatus*. Der Pfeil weist auf die Knickstelle zwischen dem proximalen und dem distalen Teil des Zehs.

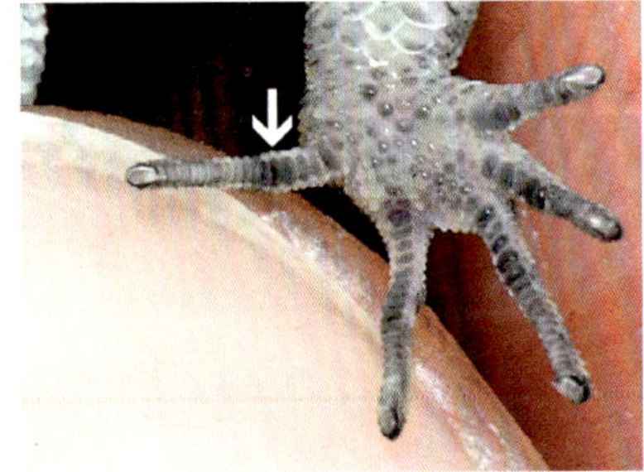

Augen

Bei allen sphaerodactylinen Geckos sind die Augenlider nicht frei beweglich, sondern zu einer unbeweglichen, durchsichtigen „Brille" verwachsen, die direkt über der Hornhaut liegt. Die äußerste Schicht der Brille ist wie die der Haut verhornt und wird jeweils während einer Häutung erneuert. Am oberen Augenrand befindet sich bei einigen *Gonatodes* eine nadel- oder kegelförmige, nach oben gerichtete Ciliarschuppe.

Gonatodes haben eine runde oder ovale Pupille, deren Durchmesser im allgemeinen nicht verändert wird. Die einzige Ausnahme ist die dämmerungs- und nachtaktive Art *G. antillensis*, bei der die Pupille im hellen Licht vertikal schlitzförmig zusammengezogen wird.

Die Augenlinse ist – wie bei vielen anderen tagaktiven Geckos auch – gelb gefärbt und hat die Funktion einer im Auge selbst liegenden Sonnenbrille. Da *Gonatodes* hellen Sonnenschein eher meiden, ist die Augenlinse deutlich heller gelb gefärbt als z. B. bei sonnenhungrigen *Lygodactylus*.

Die Angehörigen der Gattung *Gonatodes* können wie die der Gattung *Sphaerodactylus* ihre Augen unabhängig voneinander bewegen; es ist bei ihnen nur nicht so auffällig wie bei *Sphaerodactylus*-Geckos.

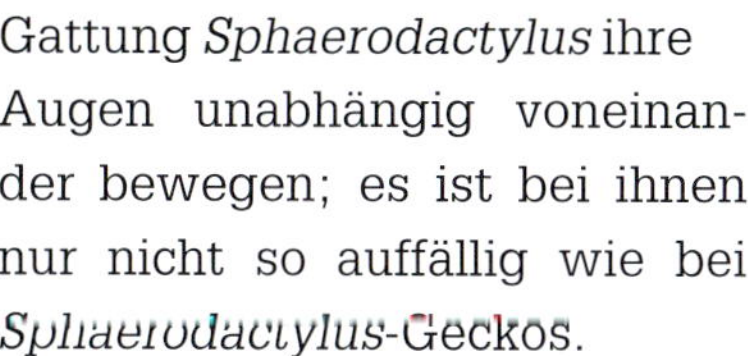

Porträt eines Männchens von *Gonatodes fuscus* (Costa Rica). Die Iris des Auges ist grau und braun gescheckt und an ihrem Rand zur Pupille hin hellgrau bis weiß. Eine Ciliarschuppe fehlt.

Endolymphatische Säckchen

Geckos der Unterfamilien Gekkoninae und Sphaerodactylinae weisen hinter den Ohröffnungen in der Halsregion sog. Kalksäckchen auf, die auch als endolymphatischer Apparat oder endolymphatische Säckchen bezeichnet werden und strukturell zum Innenohr gehören. Der endolymphatische Apparat ist besonders stark bei Weibchen ausgebildet; er besteht aus einem Gang und einer sackähnlichen Struktur, die mit Kalziumkarbonat gefüllt ist. Letzteres dient als Reservoir für die Bildung der kalkigen Eischalen. Bei Weibchen der Sphaerodactylinae sind die endolymphatischen Säckchen von außen allerdings kaum zu erkennen. Bei manchen Weibchen von *G. albogularis*, *G. fuscus* und *G. vittatus* meint

Weibchen von *Gonatodes albogularis* mit gelblich gefärbten Schuppen in der Halsregion

WUSSTEN SIE SCHON?

Wie alle sphaerodactylinen Geckos sind *Gonatodes*-Arten stimmlos, d. h. sie sind nicht in der Lage, mehrsilbige Laute von sich zu geben, wie dies viele nachtaktive Geckos können. Bei Letzteren dienen die Rufe u. a. der Verständigung untereinander (intraspezifische Kommunikation). *Gonatodes* verständigen sich wie die meisten tagaktiven Geckos daher nicht akustisch, sondern hauptsächlich optisch. Zumindest *G. antillensis* verfügt aber über einen einsilbigen quietschenden Abwehrlaut.

Kopulationsorgan

Die Männchen der Gattung *Gonatodes* besitzen wie alle Geckos paarige Kopulationsorgane, die Hemipenes (Singular: Hemipenis). Diese liegen eingestülpt in der bauchwärts gelegenen (ventralen) Kloakenwand in Hemipenistaschen, die bei *Gonatodes*-Männchen – ebenso wie den Männchen der Gattung *Sphaerodactylus* – von man, helle Kalksäckchen in der Halsregion unter der Haut hindurchschimmern zu sehen, aber es handelt sich hierbei um gelblich gefärbte Schuppen.

außen kaum sichtbar sind. Bei einer Kopulation wird nur ein Hemipenis ausgestülpt und in die Kloake des Weibchens eingeführt. Als Kloake wird der gemeinsame Ausgang des Verdauungsorgans, der Nieren und der Keimdrüsen bei Männchen und Weibchen bezeichnet. Die Übertragung der Spermien aus der Kloake des Männchens erfolgt über eine Samenrinne, die auf dem Hemipenis verläuft.

Wappenschilde (*Escutcheon scales*)

Männchen der Gattung *Gonatodes* besitzen weder Präanal- noch Femoralporen. Dafür weisen geschlechtsreife Tiere sog. Wappenschilde („escutcheon scales") auf, die oft in ihrer Gesamtheit einfach als „escutcheon" bezeichnet werden. Diese speziellen Schuppen befinden sich entweder nur auf der Bauchseite vor dem Kloakalspalt oder noch zusätzlich auf

den Innenseiten der Oberschenkel und auf der Unterseite der Schwanzbasis. Es sind glänzende, meist unpigmentierte Schuppen, die mit einem dünnen Film aus wachsartigem Material überzogen sind. Letzteres wird von Drüsen gebildet, von denen je eine unter der Epidermis einer solchen Schuppe liegt. Die Wappenschilde überlappen sich nicht; ihre Zahl nimmt im Allgemeinen mit der Größe des Männchens zu. Die Funktion des „escutcheons" ist noch nicht eindeutig nachgewiesen, vermutlich werden hier Duftstoffe abgegeben. Den *Gonatodes*-Weibchen fehlen Wappenschilde völlig.

„Escutcheon" eines Männchens von *Gonatodes fuscus*. Die mit Drüsen versehenen Schuppen sind vor dem Kloakalspalt bis zur Mitte des Bauches und auf den Innenseiten der Oberschenkel zu finden.

Präanalbereich eines Weibchens von *Gonatodes fuscus*

Fortpflanzung

Die Weibchen der Gattung *Gonatodes* legen pro Gelege nur ein einziges Ei mit einer kalkigen Schale ab. Sie besitzen wie andere Geckoweibchen auch zwei Ovarien (weibliche Keimdrüsen) und zwei Eileiter; es reift aber immer abwechselnd in nur einem Ovar ein Ei heran.

Körpertemperatur und Thermoregulation

Gonatodes-Geckos haben wie nahezu alle Reptilien eine Körpertemperatur, die – ohne Regulation – etwa der Umgebungstemperatur folgen würde. Aus diesem Grund werden sie – besonders in älterer Literatur – auch als poikilotherm (wechselwarm) bezeichnet. Reptilien können also nicht wie Säugetiere oder Vögel ihre Körpertemperatur unabhängig von der Umgebungstemperatur durch eine körpereigene Wärmebildung konstant halten. Stattdessen beziehen sie Wärme vor allem aus ihrer Umgebung. Aus diesem Grund werden sie in neuerer Literatur treffender als ektotherm (ektos *gr.*: außen, thermos *gr.*: warm) bezeichnet. Diese Strategie der Ektothermie bringt den Vorteil einer energiesparenden

Lebensweise: Der Energieumsatz von ektothermen Tieren ist um das 8- bis 10-fache geringer als z. B. der von vergleichbar großen Säugetieren.

Ektothermie bedeutet aber eben nicht, dass die Körpertemperatur einfach mit der Außentemperatur schwankt. Ektotherme landlebende Tiere erreichen ihre bevorzugte Aktivitätstemperatur vielmehr durch thermoregulatorisches Verhalten: Zur Erhöhung ihrer Körpertemperatur suchen sie z. B. sonnenerwärmte Plätze auf, zur Erniedrigung ihrer Körpertemperatur begeben sie sich an schattige, kühlere Plätze. Dadurch und durch gleichzeitige

Gonatodes albogularis – Kleiner Gelbkopfgecko

GONATODES albogularis wurde von DUMÉRIL & BIBRON 1836 als *Gymnodactylus albogularis* beschrieben. Die Erstbeschreiber gaben als Terra typica „Martinique“ an. Diese Angabe findet man z. B. auch bei GRANT (1940), PETERS & DONOSO-BARROS (1970) und MURPHY (1997). Andere Autoren nennen als Terra typica „Martinique und Kuba” (z. B. WERMUTH 1965; MECHLER 1968; SCHWARTZ & HENDERSON 1991). In der Originalbeschreibung erwähnen DUMÉRIL & BIBRON, dass ihnen drei Geckos dieser Art auch aus Kuba vorliegen. Diese Angabe erklärt möglicherweise die unterschiedlichen Angaben der verschiedenen Autoren. Nach VANZOLINI & WILLIAMS (1962) sind diese drei Exemplare, die sich im Museum in Paris befinden, allerdings mit der Herkunft „Martinique” gekennzeichnet. Entweder ist die Angabe von Martinique fehlerhaft, oder die Art ist von der Insel wieder verschwunden, da sie seither dort nicht mehr nachgewiesen wurde.

Sieben Jahre nach der Erstbeschreibung stellte FITZINGER *Gymnodactylus albogularis* in seine neu errichtete Gattung *Gonatodes*. Der Artname *albogularis* stammt aus dem Lateinischen und bedeutet weißkehlig (albus = weiß, gula = Schlund, Kehle). Diese Artbezeichnung und der daraus abgeleitete englische Trivialname

Regulationen des Blutkreislaufs sind Reptilien in der Lage, während ihrer Aktivitätszeit ihre Temperatur auf einen ziemlich konstanten Wert einzuregulieren.

Gonatodes vermeiden in der Regel extrem hohe Temperaturen. Sie bevorzugen schattige Wälder oder offene, aber schattige Bereiche in ihren Lebensräumen (engl.: open-shade species) und sind eher selten in praller Sonne aktiv. Einen Großteil ihrer Aktivitätszeit verbringen die Tiere auf den Schattenseiten von Baumstämmen, Zweigen oder Mauern. Ihr Temperaturoptimum liegt in der Regel um und unterhalb 30 °C.

WUSSTEN SIE SCHON?

Mit „Terra typica" oder Typuslokalität bezeichnet man das Herkunftsgebiet bzw. den genauen Herkunftsort der bei der Beschreibung einer neuen Art vorliegenden Typusexemplare.

„white-throated geckos" sowie die deutsche Bezeichnung „Weißkehl-Gecko" sind irreführend, da nur die Weibchen ein weiße Kehle haben; Männchen haben dagegen eine gelbliche oder orangefarbene Kehle, die damit die gleiche oder sehr ähnliche Färbung wie die Oberseite von Kopf und Hals aufweist. Die Bezeichnung „*albogularis*" beruht auf der Beschreibung von fixiertem Material, bei dem die Färbung verlorengegangen ist. Daher ist der weitere, in neuerer Literatur verwendete Trivialname „Gelbkopf-Gecko" sowie die englische Bezeichnung „yellow-headed gecko" treffender.

Neben der Nominatform *G. a. albogularis* enthält die Art zwei weitere Unterarten: *G. a. notatus* (REINHARDT & LÜTGEN, 1862) mit der Terra typica „Acquin, Haiti" und *G. a. bodinii* RIVERO-BLANCO, 1964 mit der Terra typica „Archipiélago de Los Monjes, Venezuela". Die Einteilung in Unterarten erfolgt bei *G. albogularis* hauptsächlich nach der Färbung der Männchen.

Verbreitung

Gonatodes albogularis ist eine der zwei *Gonatodes*-Arten, die sowohl in Süd- und Mittelamerika als auch auf Inseln der Karibik vorkommt. Laut Literatur kommt die Nominatform *G. a. albogularis* auf dem südamerikanischen Festland im nordöst-

Männchen von *Gonatodes albogularis* aus Palmar Norte, südliches Costa Rica, Pazifik-Seite. Gut sichtbar ist der vor dem Ansatz des Hinterbeins liegende, schwarze Fleck an der Unterseite.

lichen Kolumbien und im westlichen Venezuela vor sowie auf einer Insel der östlichen Kleinen Antillen (Martinique) und auf den Niederländischen Antillen vor der venezolanischen Küste (Aruba, Curaçao). 2003 wurde *G. albogularis* auch aus dem Orinoco-Delta im Osten Venezuelas beschrieben; es wird angenommen, dass die Art dorthin verschleppt wurde. Weiterhin hat sich diese Unterart anscheinend auch in Mittelamerika – möglicherweise ebenfalls passiv – schon weiter verbreitet, da sie bereits auch in Costa Rica, zumindest westlich der Cordillera de Talamanca, zu finden ist (s. unten).

Die dritte Unterart *G. a. notatus* lebt nur auf Inseln in der Karibik, und zwar auf Hispaniola im haitianischen Teil, einschließlich der Inseln Île Cabrit und Île de la Gonâve (vor der Ostküste Haitis), Jamaica und – nach älterer Literatur – auf Grand Cayman. Auf der letztgenannten Insel soll sie aber wieder verschwunden sein.

Die Unterart *G. a. bodinii* hat das kleinste Verbreitungsgebiet: man findet sie nur auf den zu Venezuela gehörenden Islas de los Monjes westlich von Aruba.

Weniger auffällig gefärbtes Männchen von *Gonatodes albogularis* aus Haiti
Foto: R. Hilgenhof

Beschreibung

Männchen von *G. albogularis* (*G. a. albogularis* und *G. a. notatus*) haben eine KRL von 32–34 mm und eine Schwanzlänge von

42–44 mm. Kopf und Hals sind matt gelb bis orange gefärbt; auf dem Kopf zum Hals hin ist die gelbe Färbung vermischt mit dem Hellbraun des Rückens.

Die Kehle ist wie der Kopf gelblich bis orange gefärbt und zeigt ein sehr schwaches Muster aus etwas helleren Streifen: Der mittig gelegene Streifen ist der längste und gabelt sich vorn an der Kinnspitze leicht auf. Die seitlichen Streifen sind sehr viel kürzer und verlaufen nach schräg vorn. An das große rhomboidförmgige Mentale schließen sich 2–3 kleine Postmentalia an, dann folgen kleine, granuläre Kehlschuppen bis zum Hals. Das jeweils erste Sublabiale (Unterlippenschild) ist sehr groß, das zweite ist weniger als halb so groß; alle folgenden Sublabialia (3–4) sind wesentlicher kleiner. Die hinteren Labialia sind bis zu den Mundwinkeln grau oder hellblau. Ein schwarzer Fleck, der zur Kopfoberseite unregelmäßig geformte Ränder hat, zieht sich bis hin zu den Vorderbeinen. An den Seiten des Halses weisen die Männchen ein helles, mitunter bläuliches, schwarz umrandetes, vertikal verlaufendes Band auf; man könnte es als „halbes" Halsband bezeichnen. Hinter diesem Band kann vor der Schulter noch eine schwarze, im Zentrum weiße Markierung liegen. Dieser schwarz-weiße, ozellenartige „Schulterfleck" soll besonders ausgeprägt bei Männchen der Unterart *G. a. notatus* sein. Rücken und Flanken sind in der Grundfarbe beige bis graubraun und können kleine, helle Flecken aufweisen. Der drehrunde Schwanz ist ebenfalls beige bis graubraun und endet leicht keulenförmig.

Die Unterseite ist im Brustbereich weißlich. Am hinteren Bauch verlaufen auf jeder Seite auffällige schwarzblaue Streifen, zwischen denen die weißlichen Schuppen des „escutcheons" liegen. Das „escutcheon" umfasst in Kopf-Schwanz-Richtung ca. 13 Schuppen, 7–8 Schuppen in der Breite und 3 Reihen von Wappenschilden auf den Innenseiten der Oberschenkel.

Weibchen von *G. albogularis* bleiben mit einer KRL von 30–33 mm und einer

Kehle eines Männchens von *Gonatodes albogularis*

Weibchen von *Gonatodes albogularis* aus Palmar Norte, südliches Costa Rica, Pazifik-Seite

Schwanzlänge von 38–42 mm geringfügig kleiner als die Männchen. Ihre Färbung ist wesentlich unauffälliger. Die Grundfarbe des gesamten Körpers ist beige bis graubraun; seitlich am Hals ist die Haut leicht gelblich gefärbt. Die Zeichnung auf dem Rücken besteht aus weißlichen und schwarzen Punkten oder länglichen, kurzen Streifen. Am Hals befindet an der gleichen Stelle wie bei den Männchen ein schmales weißes, vertikales Band, das auf dem Nacken und manchmal auch an den Seiten unterbrochen ist. Die Kehle ist weiß gefärbt; die Kehlbeschuppung entspricht der des Männchens.

Gonatodes fuscus – Großer oder Kubanischer Gelb

GONATODES *fuscus* wurde von HALLOWELL 1855 als *Stenodactylus fuscus* beschrieben. SMITH & TAYLOR (1950) beschränkten die Terra typica auf „Rama, Nicaragua" (Terra typica restricta). Erst BOULENGER (1885) stellte die Art zur Gattung *Gonatodes*, sah sie jedoch nur als „Varietät" von *G. albogularis* an. VANZOLINI & WILLIAMS (1962) unterschieden – anhand der Farbmuster der Männchen – klar zwischen Tieren vom Festland und Kuba (*fuscus*), aus Kolumbien und Venezuela (*albogularis*) und von Jamaika und Hispaniola (*notatus*), sahen aber trotzdem „*fuscus*" und „*notatus*" als Unterarten von *G. albogularis* an. Seitdem wurden die beiden Taxa je nach Autor als eigene Arten oder als Unterarten betrachtet.

Verbreitung

Gonatodes fuscus hat ein großes Verbreitungsgebiet mit Schwer-

Von der Unterart *G. a. bodinii* liegen nur spärliche Beschreibungen vor. Nach der Originalbeschreibung, in der *bodinii* als eigene Art bezeichnet wurde, haben Männchen bzw. Weibchen eine KRL von 33–36 mm bzw. 32–36 mm. Die Männchen sind oberseits hellgrau und weisen ein helles, nur schwach ausgebildetes Vertebralband vom Nacken bis zum Schwanzansatz auf. Dieses Band kann aber auch fehlen. Neben dem evtl. vorhandenen Streifen befinden sich dunklere, diffuse Flecken. Die Schnauze ist dunkler grau als der Rest des Rückens, und die Grundfarbe des Bauches ist ein blasses Beige. Schwarzweiß-Fotos von lebenden Weibchen zeigen ein kontrastreiches Fleckenmuster.

Kehle eines Weibchens von *Gonatodes albogularis*

kopfgecko

punkt Mittelamerika: es reicht von Kolumbien über Panama, Costa Rica, Nicaragua, El Salvador, Honduras, Belize und Guatemala bis in das südöstliche Mexiko. Weiterhin findet man *G. fuscus* – vermutlich eingeschleppt – auf Kuba. Auf Key West wurde die Art 1939 und auf dem Festland Floridas sogar 1934 zum ersten Mal dokumentiert. Sie wurde in den kommenden Jahren auf Key West als sehr häufig beschrieben und 1958 wurden adulte Geckos und zahlreiche Jungtiere gefunden. Im Jahre 1995 wurde die Art anscheinend zum letzten Mal auf Key West beobachtet, denn Felduntersuchungen erbrachten vom Dezember 1995 bis Dezember 2004 keinerlei Funde mehr, weder auf den Inseln noch auf dem Festland von Florida. Die Art ist dort also zumindest im Niedergang begriffen, möglicherweise ist sie dort auch ganz verschwunden.

Beschreibung

Männchen von *G. fuscus* sind mit einer KRL von 40–43 mm und einer Schwanzlänge von 46–50 mm deutlich größer als die Männchen von G. *albogularis.*

Kopf und Hals sind leuchtend orange bis ziegelrot gefärbt. Diese Färbung endet abrupt am Ende des Halses, sodass die Tiere aussehen, als würden sie eine rote Kapuze tragen. Die Kehle ist wie der Kopf gefärbt und zeigt ein den Männchen von *G. albogularis* sehr ähnliches, aber deutlich ausgeprägteres Muster aus helleren Streifen. Der mittig gelegene Streifen ist auch hier der längste und gabelt sich in Richtung Kinnspitze leicht auf. Die seitlichen Streifen sind kurz und verlaufen leicht schräg. Wie bei *G. albogularis* ist das Mentale groß und rhomboidförmig, und es schließen sich 2–3 kleine Postmentalia sowie kleine, granuläre Kehlschuppen an. Das jeweils erste Paar der Sublabialia (Unterlippenschilde) ist sehr groß, das zweite entspricht ca. einem Drittel bis maximal der Hälfte der Größe des ersten Paares. Diese beiden Labialia-Paare sind je nach Kopffärbung gelb oder orange gefärbt. Die folgenden Sublabialia sind wesentlich kleiner und bis zu den Mundwinkeln hellblau oder grau gefärbt. Die gleiche Färbung haben auch die hinteren Oberlippenschilde (Supralabialia) sowie etliche Schuppen hinter dem Mundwinkel, sodass sich insgesamt ein etwas unregelmäßig geformtes, leicht schwarz umrandetes Band unter dem Auge ergibt. Am Ende des Halses vor den Vorderbeinen weisen die Tiere jeweils seitlich ein vertikales, hellblaues oder schiefergraues, ebenfalls leicht schwarz umrandetes Band auf.

Seitenansicht eines Männchens von *Gonatodes fuscus* aus Costa Rica mit ausgeprägter heller Rückenfärbung

Kehle eines Männchens von *Gonatodes fuscus* aus Costa Rica

Dorsalansicht eines Männchens von *Gonatodes fuscus* aus Costa Rica mit ausgeprägter heller Rückenfärbung

Die Färbung des restlichen Körpers kann variieren. So gibt es Männchen, bei denen Rücken, Flanken und Oberseite der Gliedmaßen in der Grundfärbung überwiegend grauschwarz oder blauschwarz sind und kleine Flecken und würmchenförmige Linien in Hellblau oder Hellgrau aufweisen. Diese Tiere sehen besonders aus der Entfernung schwarz aus. Bei anderen Männchen dagegen sind die hellblauen bzw. grauen Flecken und Streifen so ausgeprägt, dass ihr Körper wesentlich heller wirkt. Der Schwanz ist bei allen Männchen tiefschwarz und hat eine weißliche Schwanzspitze.

Die Unterseite ist im Brustbereich grauweiß mit schwarzen Punkten bzw. Flecken, der Bauch ist schwarz bis auf die Schuppen des länglichen „escutcheons". Es umfasst in Kopf-Schwanz-Richtung ca. 17–19 Schuppen, 9–10 Schuppen in der Breite und 3–4 Reihen von Wappenschilden auf den Innenseiten der Oberschenkel. Die Schuppen des „escutcheons" sind zum Schwanz hin zu einer stumpfen Spitze ausgezogen, während die normalen Bauchschuppen einen abgerundeten Rand haben.

Weibchen von *G. fuscus* sind mit einer KRL von 37–39 mm und einer Schwanzlänge von 40 bis über 50 mm deutlich größer als die Weibchen von *G. albogularis*. Die Grundfärbung der gesamten Oberseite ist beigegrau. Die Zeichnung auf dem Rücken

Dorsalansicht eines Männchens von *Gonatodes fuscus* aus Costa Rica mit kontrastreicher dunkler Rückenfärbung
Foto: E. Schröder

Kontrastreich gemustertes Weibchen von *Gonatodes fuscus* aus Costa Rica

Weibchen von *Gonatodes fuscus* (Costa Rica) mit blasserem Muster

besteht aus weißen und schwarzen, bei manchen Weibchen auch rotbraunen Flecken und Bändern. Auffällig ist eine Doppelreihe aus weißen Flecken, die auf dem Rücken verläuft. Zur Seite hin liegen zwischen den weißen Flecken schwarze. In der Halsregion fließen die weißen Flecken fast zusammen, was den Eindruck eines schmalen weißen Halsbandes ergibt. Die Flanken weisen kürzere, schwarze Bänder auf, die man auch als ein oft un-

Unterscheidung zwischen *G. albogularis* und

SOWOHL die Männchen als die Weibchen der beiden Arten unterscheiden sich – wie oben beschrieben – deutlich in Größe und Färbung, wobei der Unterschied in der Färbung besonders auffällig bei den Männchen ist. Die Männchen innerhalb einer Art sind zwar in ihrer Färbung variabel, aber jede Art weist spezifische, konstante Zeichnungselemente auf. Dazu gehören der allmähliche Übergang der Kopf- in die Rückenfärbung, der beige bis graubraun gefärbte Schwanz, die schwarze Zeichnung von den Mundwinkeln bis zu den Vorderbeinen und der schwarz umrandete weiße Fleck vor der Schulter bei Männchen von *G. albogularis* bzw. die klare Abgrenzung der Kopf- von der

terbrochenes schwarzes Band ansehen könnte. Dazwischen liegen weiße Flecken. Die Kopfoberseite besitzt ein Muster aus weißlichen Flecken und dunklen, kurzen Streifen, und auch die Oberseite der Gliedmaßen und des Schwanzes ist weiß-schwarz gemustert. Diese Färbung kann mehr oder weniger kontrastreich ausgeprägt sein. Bauchseite und Kehle sind weißlich, und die Kehlbeschuppung ist identisch mit der des Männchens.

Kehle eines Weibchens von *Gonatodes fuscus*

WUSSTEN SIE SCHON?
Gonatodes fuscus ist die einzige Art, die vorwiegend in Mittelamerika verbreitet ist. Eine durch Menschen verursachte Verbreitung nach Kuba und Florida erscheint aufgrund des Schiff- und Flugverkehrs leicht möglich. *Gonatodes albogularis* kommt im südlichen Mittelamerika und im nördlichen Südamerika sowie auf Inseln vor der venezolanischen Küste und auf den Antilleninseln Haiti, Jamaika und Martinique vor. Und auch hier kann man sich leicht vorstellen, dass *G. albogularis* diese Inseln von Südamerika aus besiedelt hat, entweder schon im Quartär auf natürlichem Weg – wie es Hedges (1996) für *G. a. notatus* vorgeschlagen hat – oder in der heutigen Zeit mit Hilfe des Menschen, wie es z. B. Vanzolini & Williams (1962) für *G. albogularis* auf Martinique und Hummelinck (1940) für *G. albogularis* auf Aruba und Curaçao vermuten.

G. fuscus

Rückenfärbung, der schwarze Schwanz mit seiner weißen Spitze und der hellblaue Streifen unter dem Auge bei Männchen von *G. fuscus*. Weiterhin berichten mehrere Autoren, dass *G. albogularis* und *G. fuscus* in Kolumbien sympatrisch vorkommen. Damit erscheint es mehr als gerechtfertigt, beide Formen als eigenständige Arten aufzufassen.

Gonatodes vittatus – Streifengecko

GONATODES *vittatus* wurde 1856 von LICHTENSTEIN als *Gymnodactylus vittatus* mit der Terra typica „La Guayra, Puerto Cabello und Caracas, Nordküste von Venezuela" beschrieben. Der Artname „*vittatus*" stammt aus dem Lateinischen und bedeutet längsgestreift. Im englischen Sprachgebrauch wird die Art als „white-banded gecko" oder „streak lizard" bezeichnet; manche Autoren bezeichnen mit dem letzten Namen allerdings alle Arten der Gattung *Gonatodes*. Im Deutschen wird die Art Streifengecko genannt.

Die Art enthält neben der Nominatunterart *G. v. vittatus* eine weitere Unterart: *G. v. roquensis* ROZE, 1956, die nach ihrer Terra typica „El Gran Roque, Archipiélago de Los Roques, Venezuela" benannt wurde. Die Männchen der beiden Unterarten unterscheiden sich in der Ausprägung des weißen Vertebralbands, während die Weibchen keine so auffälligen Unterschiede erkennen lassen. Fast die gesamte Literatur über Lebensweise, Verhalten und Fortpflanzung bezieht sich auf die Nominatform.

Männchen von *Gonatodes vittatus* mit durchgehendem weißen Vertebralband

Verbreitung

Das Verbreitungsgebiet der Nominatform *G. v. vittatus* umfasst auf dem Festland das nördliche Guyana, die Nordküste Venezuelas und das nördliche Kolumbien, die Inseln Tobago und Trinidad sowie etliche Inseln der Kleinen Antillen (Aruba, Isla de Margarita, La Tortuga, Coche, Cubagua, Los Frailes, Los Testigos), die sämtlich vor der venezolanischen Küste liegen. *Gonatodes v. roquensis* kommt nur auf den Islas Los Roques vor. Dieser Archipel liegt 160 km nördlich von der Hafenstadt La Guaira in der Karibik und gehört politisch zu Venezuela.

Beschreibung

Männchen haben eine KRL von 33–35 mm und eine Schwanzlänge von 38–40 mm. Sie weisen ein breites, weißes Vertebralband auf, das von der Schauzenspitze bis fast zum Schwanzende verlaufen kann. Bis zur Körpermitte ist das Band weiß und wird auf beiden Seiten eingefasst von schwarzen Bändern. Von der Körpermitte bis zum Schwanz wird das weiße Band schmaler, mehr gräulich als weiß und verliert die schwarze Umrandung. Der Rest des Rückens ist orangebraun, die Flanken sind grau gefärbt. Der Schwanz ist an den Seiten ebenfalls grau.

Diese Zeichnung der Oberseite haben z. B. Tiere aus Aruba oder von der Península de Paria oder aus Trinidad, die man in der Terraristik häufiger zu sehen bekommt. Wie man z. B. bei Männchen aus verschiedenen venezolanischen Bundesstaaten beobachten kann, ist sie allerdings sehr variabel. Die orangebraune Färbung kann sich nur auf den Kopf beschränken, während Rücken und Flanken graubraun sind. Oder die Tiere können kleine weiße Flecken seitlich am Nacken und/oder einen weißen Streifen vor dem Vorderbein aufweisen, der unterschiedlich stark schwarz umsäumt ist. Bei Männchen aus Trinidad kann das schwarz-weiße Vertebralband durchgehend oder im Bereich der Vorderbeine für ein kurzes Stück abrupt unterbrochen sein. Bei den Männchen der Unterart *G. v. roquensis* ist das weiße Vertebralband nur als schmaler, schwach ausgebildeter Streifen zu erkennen oder sogar ganz verschwunden. Ebenso ist die Färbung der Kehle variabel. Sie kann einfarbig grauweiß sein; sie kann aber auch eine auffällige Zeichnung aus pechschwarzen Linien auf weißem Untergrund haben. Diese Zeichnung kann sich auch im Bereich unterhalb der Augen und seitlich am Hals fortsetzen. Das rhomboidförmige Mentale, das erste und das zweite Paar der Unterlippenschilde (das zweite halb so groß wie das erste) und die zwei relativ großen Postmentalia sind dann grauweiß oder leicht schwarz gepunktet, aber nicht pechschwarz.

„Escutcheon" eines Männchens von *Gonatodes vittatus* vor dem Kloakalspalt bis ca. zur Mitte des Bauches und auf den Innenseiten der Oberschenkel

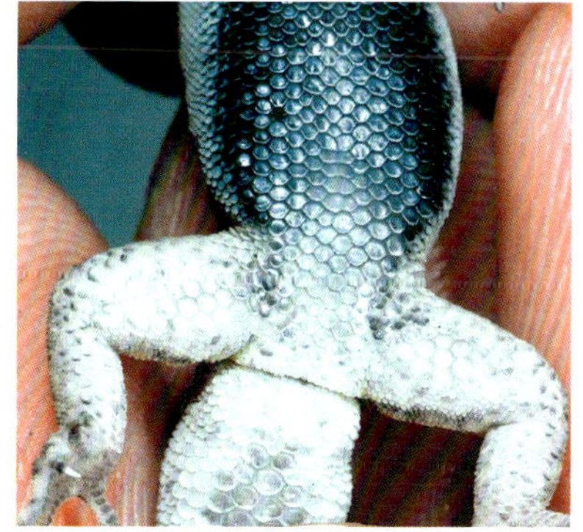

Die Schuppen im Brustbereich und am Bauch sind fast schwarz bis auf die Schuppen des ovalen „escutcheons", die weniger pigmentiert sind und am Bauch gräulich und auf der Unterseite der Oberschenkel weiß glänzen. Das „escutcheon" umfasst in Kopf-Schwanz-Richtung ca. 17–18 Schuppen, 9 Schuppen in der Breite und 4 Reihen von Wappenschilden auf den Innenseiten der Oberschenkel.

Mit einer KRL von 30–32 mm und einem 34–36 mm langem Schwanz sind die Weibchen etwas kleiner als Männchen. Weibchen sind nicht so auffällig, aber ebenfalls variabel ge-

Weibchen von *Gonatodes vittatus*

Lebensweise und Verhalten

GONATODES *albogularis* und *G. fuscus* haben eine sehr ähnliche Lebensweise. Die weitaus meisten Untersuchungen zur Lebensweise liegen von *G. fuscus* vor. Diese Art bevorzugt keine bestimmte Klimazone, sondern lebt sowohl in wechselfeuchten Trockenwaldregionen als auch in dauerfeuchten Tieflandregenwäldern. Trotzdem scheint sie gestörte, offene Waldbereiche zu bevorzugen. In Primärhabitaten lebt die Art hauptsächlich arboricol und bevorzugt große Bäume mit zahlreichen Rissen und Aushöhlungen in der Rinde, in denen sie Versteckmöglichkeiten findet. Die Dichte der Geckos hängt dabei hauptsächlich von der Dichte von Bäumen mit schuppiger oder rissiger Rinde ab. In der Kanalzone Panamas wurde *G. fuscus* 1943 häufig im unteren Stammbereich von Guácimo-Bäumen (*Luehea seemannii*, Tiliaceae) und Kapok-Bäumen (*Ceiba pentandra*, Mombacaceae) gefunden.

Auch in vom Menschen besiedelten Regionen bevorzugen die

färbt. Die Grundfarbe des Rumpfes ist beige bis olivfarben oder gelblich; der Schwanz ist in der Regel etwas heller gefärbt und weniger gezeichnet. Die Zeichnung auf dem Rücken und an den Flanken besteht aus dunklen Flecken und Streifen sowie fast weißen Flecken, die von den Augen bis zum Schwanzbeginn in Längsrichtung angeordnet sind. Dabei bilden oft jeweils ein schwarzer und ein weißer Fleck zusammen ein Paar. Bei manchen Weibchen sind die schwarzen Flecken besonders gut ausgebildet. Am auffälligsten ist das Fleckenpaar vor den Vorderbeinen. Die Weibchen, z. B. solche aus Trinidad, können auch einen helleren, beigefarbenen Streifen aufweisen, der in Höhe der Augen beginnt und über den Rücken bis zur Schwanzwurzel verläuft. Bei den meisten Weibchen ist ein Vertebralband nur angedeutet.

Die Kehlbeschuppung entspricht der des Männchens; die kleinen Kehlschuppen sind weiß oder gelb. Brustbereich und Bauch der Weibchen sind weiß gefärbt.

Tiere vertikale, möglichst raue Oberflächen wie Steinmauern, Gebäudemauern und Bretterwände. In Habitaten mit Sekundärvegetation findet man *G. fuscus* auch auf Ästen von niedrigem Gestrüpp, an Baumstümpfen und selten an großen Felsen. In Strandregionen huschen die Tiere über die tief ansetzenden Äste der Meer- oder Seetraube (*Coccoloba uvifera*, Polygonaceae). In natürlichen Habitaten ist die Dichte der Geckos im allgemeinen niedrig. In städtischen Gebieten dagegen – wie z. B. im Stadtpark von Limón (Costa Rica) – bewohnen zahlreiche Geckos die großen Feigenbäume.

Solange vertikale Flächen mit Versteckmöglichkeiten zur Besiedlung vorhanden sind, scheint *G. fuscus* sehr anpassungsfähig zu sein. Dies ermöglicht es der Art, zumindest für einige Zeit Kolonien in Regionen etablieren, in die sie verschleppt wurde, wie z. B. auf Key West: Dort wurden die ersten *G. fuscus* 1939 auf alten Frachtlagerhöfen gesammelt.

Lebensraum von *Gonatodes albogularis* im Nordosten Jamaikas

Lebensraum von *Gonatodes fuscus* auf Barro Colorado Island, Panama Foto: G. Küpper

Gravierende Änderungen der Umweltbedingungen übersteht aber auch *G. fuscus* nicht. Auf Barro Colorado Island besiedelte die Art zunächst offene Bereiche, die nach massiven Rodungen für den Kanalbau entstanden waren. Sie scheint aber in dem danach entstandenen dichten Sekundärwald nicht überlebt zu haben. Barro Colorado Island liegt im Gatun-See, der 1912 als Teil des Panama-Kanals aufgestaut wurde. Die heutige Insel war vor der Flutung eine mit Primärregenwald bedeckte Bergspitze. Flora und Fauna der überschaubaren Insel werden seit 1923 mehr oder weniger regelmäßig untersucht; zu diesem Zweck wurden etliche Gebäude auf der Insel vom Smithsonian Tropical Institute errichtet und neue Lichtungen geschaffen. *Gonatodes fuscus* war auf Barro Colorado Island definitiv nachgewiesen, konnte aber z. B. 1965 während einer zwölfwöchigen Feldstudie nicht mehr gefunden werden. Möglicherweise verschwand *G. fuscus* und konnte die Insel wegen der Wasserbarriere des Gatun-Sees nicht neu besiedeln. Die Art wurde dort 1966 vorsätzlich wieder eingeführt.

Zu *G. a. notatus* auf Jamaika gibt es nur wenige Beobachtungen bezüglich der Lebensweise. Alle Tiere wurden dort in oder unter aufgeständerten Häusern gesammelt, wo mehr oder weniger gedämpftes Licht herrschte. Sie wurden als „leicht mit der Hand fangbar" beschrieben, bis auf ältere, eher scheue Männchen. Auch ihre Eier versteckten die Weibchen im Haus.

Gonatodes albogularis und *G. fuscus* sind überwiegend tagaktiv oder diurnal (lat. *diurnus*, zum Tag gehörig); die Hauptaktivitätszeit liegt in den späten Nachmittagsstunden. Die Tiere sind hauptsächlich visuell ausgerichtete Lauerjäger, sie suchen aber auch in der kurzen Dämmerungszeit bei Sonnenuntergang aktiv nach Beute. In der Regel bevorzugen sie schattige Regionen zum Beutefang und vermeiden Temperaturen, die über 30 °C liegen. Beide Arten sind territorial; jeder Gecko nutzt ein Territorium von einigen Quadratmetern auf den Baumstämmen. Sowohl Männchen als auch Weibchen verteidigen ihr Revier gegen gleichgeschlechtliche Eindringlinge durch Drohimponieren mit gestreckten Beinen, gekrümmtem Rücken, seitlich abgeflachtem Körper und aufgeblähter Kehle. In ein besetztes Territorium eindringende Männchen werden vom Revierbesitzer fast immer verjagt. Verhaltenselemente aus dem Droimponieren sind auch bei der Werbung der Männchen

Lebensraum von *Gonatodes vittatus* in einer Siedlung auf der Insel Trinidad Foto: R. König

um ein Weibchen zu beobachten.

Gonatodes albogularis und *G. fuscus* sind – trotz der Schilderungen beim Fang von *G. a. notatus* – insgesamt sehr scheu und bleiben in der Regel in der Nähe von Versteckmöglichkeiten, die schon bei geringen Störungen aufgesucht werden. Meistens verbergen sich die Tiere dann unter loser Rinde oder in kleinen Höhlungen am Stamm. In diese Verstecke ziehen sie sich auch nachts oder bei zu hohen Temperaturen zurück. Unter Stress können Männchen und Weibchen dunkler werden.

Gonatodes vittatus kann vielfältige Lebensräume nutzen. Diese Art lebt in Venezuela im mehr trockenen Tiefland sowohl arboricol als auch – seltener – rupicol (felsbewohnend): Man findet sie an Baumstämmen in lockerem Wald oder auf Lichtungen, auf Felsen, Steinhaufen sowie als Kulturfolger häufig in Gärten an Mauern, Zäunen und Hauswänden. In Puerto Columbia an der Nordküste Venezuelas lebt *G. vittatus* ca. 30 m vom Strand entfernt an Mauern und Bäumen. Auf dem Universtätsgelände auf Trinidad besiedeln sie den unteren Stammbereich von großen Regenbäumen (*Samanea saman*). Die Art scheint – wie *G. fuscus* – gestörte Bereiche in oder in der Nähe menschlicher Behausungen zu bevorzugen. Man muss aber berücksichtigen, dass die Tiere an solchen Stellen sehr viel einfacher zu entdecken sind. Die Geckos sind im allgemeinen morgens und spätnachmittags aktiv, in der Mittagszeit ziehen sie sich in schattige Verstecke zurück. Verstecke, die auch als Schlafplätze dienen, finden sie unter loser Borke an Bäumen, zwischen Steinen, in Mauerritzen und sogar in Abflussrohren, die in Mauerwerk verlegt wurden. *Gonatodes vittatus* sitzt bevorzugt kopfabwärts z. B. an gefällten Baumstämmen oder sogar unter Planken und in Holzhaufen. So lauern die Geckos auf ihre Beute, vor allem kleine Arthropoden, die sich unter ihnen auf dem Boden bewegen.

Im Allgemeinen lebt in einem Revier ein Männchen mit einem oder zwei Weibchen. Auf großen Bäumen kann man gelegentlich zwei Männchen finden, die dort voneinander getrennte Territorien besetzen. Gelegentlich finden sich auch Jungtiere in den Ter-

Natürliche Feinde

KLEINE Reptilien haben zahlreiche Feinde, und zwar sowohl unter Wirbeltieren als auch unter Wirbellosen. Dazu zählen größere Echsen, Schlangen, Vögel und Säugetiere.

Zu den Fressfeinden von *G. vittatus* gehören auf Trinidad auch andere, größere Geckoarten. So wurden der Rübenschwanzgecko *Thecadactylus rapicauda* und der Afrikanische Hausgecko (*Hemidactylus mabouia*) beim Fang dieser kleinen Geckos beobachtet. In manchen Regionen von Caracas (Venezuela), in denen sich *H. mabouia* immer

ritorien der adulten Geckos. Sowohl Männchen als auch Weibchen sind territorial, wobei ihre Territorien mit 1–2 m^2 recht klein sein können. An einer einzigen Steinmauer mit einer Größe von 4,5 x 2,5 m in Urbanización El Plazer im Bundesataat Miranda, Venezuela, wurdon allerdings an einem Nachmittag 26 Individuen gefunden. Eine derart hohe Dichte wird auf das Fehlen von natürlichen Feinden in städtischen Regionen zurückgeführt.

Ein ortsansässiges Männchen vertreibt männliche Eindringlinge; fremde Weibchen werden vom ortsansässigen Weibchen verjagt. Drohimponieren kommt sowohl bei Männchen als auch bei Weibchen vor. Unterlegene Tiere antworten oft mit seitlichen Schwanzbewegungen, oder sie bleiben bewegungslos mit an den Boden gepresstem Körper und Schwanz sitzen. Ein drohendes Männchen präsentiert seinem Gegner einen seitlich abgeflachten Körper mit einem gekrümmten Rücken und einer aufgeblähten Kehle. Seitliche Kopfbewegungen verbunden mit Bewegungen des Schwanzes in der Waagerechten sind häufig bei Männchen/Weibchen-Interaktionen zu beobachten. Weibchen können gegenüber Männchen dominant sein. In Stresssituationen wie z. B. bei territorialen Auseinandersetzungen biegt *G. vittatus* häufig seinen Schwanz wie ein Skorpion hoch über den Körper. Die Färbung der Männchen – und auch die der Weibchen – ist kaum oder gar nicht stimmungsabhängig.

mehr ausbreitet, nimmt *G. vittatus* zahlenmäßig ab. Anscheinend wird *Gonatodes* dort von *H. mabouia* verdrängt: entweder durch Konkurrenz um Territorien und Beutetiere, durch direkten Räuber-Beute-Druck oder durch beide Faktoren zusammen.

Ein weiterer Fressfeind ist die Erzspitznatter (*Oxybelis aeneus*), die dabei beobachtet wurde, wie sie sich von einem Strauch aus an ein Männchen von *G. vittatus* auf dem darunterliegenden Felsen heran schlich, kurz vor dem Gecko regungslos verharrte und ihn dann plötzlich in der Körpermitte ergriff.

Gesetzliche Bestimmungen

IN vielen Herkunftsländern von Geckos der Gattung *Gonatodes* sind Tiere und Pflanzen geschützt, dürfen also nicht ohne Erlaubnis exportiert werden. Um eine Sammelgenehmigung zu erlangen, muss man sich an die zuständige Ministerien (z. B. für Venezuela beim Ministerio del Ambiente y de los Recursos Naturales) wenden. Weiterhin sollte man sich über Einfuhr-, Ausfuhr- und Transitbestimmungen für lebende Tiere informieren.

Die Arten der Gattung *Gonatodes* unterliegen in Europa nicht dem Artenschutzrecht. Besitz und Abgabe dieser Tiere sind damit grundsätzlich nicht anzeigepflichtig. Allerdings unterliegen die Tiere dem Tierschutzrecht, sodass die Haltungsbedingungen prinzipiell behördlich überprüft werden können.

Unter welchen Mindestbedingungen Reptilien gehalten werden sollen, hat das Bundesministerium für Verbraucherschutz, Ernährung und Landwirtschaft in

Erwerb, Transport und Quarantäne

GONATODES werden unregelmäßig im Zoofachhandel angeboten. Zwar werden im Internet so manches Mal auf einschlägigen Homepages Arten dieser Gattung aufgelistet, aber als „nicht vorrätig" bezeichnet. Man kann davon ausgehen, dass es sich hier um Wildfänge handelt. Auf Terraristisk-Börsen kann man gelegentlich Nachzuchten von – manchmal schon seit etlichen Generationen – in Terrarien gehaltenen Tieren erhalten. Auch im online geschalteten AnzeigenJournal der DGHT und bei den Kleinanzeigen auf dem Internetportal von REPTILIA, TERRARIA und DRACO, www.reptilia.de, kann man von Zeit zu Zeit Anzeigen zur Abgabe von Nachzuchten finden. So kann man sich direkt mit dem Züchter in Verbindung setzen und gegebenenfalls Informationen über die Tiere erhalten. Nachzuchttiere sind in der Regel in guter Verfassung. Geckos in schlechter Verfassung

einem „Gutachten über Mindestanforderungen an die Haltung von Reptilien" festlegen lassen. Bei eventuellen Rechtsstreitigkeiten werden sich Gerichte daran orientieren. Wer sich an die in diesem Buch vorgeschlagenen Größen, Einrichtungen und Besatzzahlen seiner Terrarien hält, dürfte mit Behörden keine Schwierigkeiten bekommen.
Das Tierschutzgesetz verlangt, dass der Halter eines Tieres „über die für eine angemessene Ernährung, Pflege und verhaltensgerechte Unterbringung des Tieres erforderlichen Kenntnisse und Fähigkeiten verfügen" muss. Dies kann man mit dem „Sachkundenachweis" belegen, der für den Privathalter – noch – nicht verbindlich vorgeschrieben ist. Der Sachkundenachweis orientiert sich an den für die Tierhaltung zuständigen Rechtsvorschriften (Tierschutzgesetz, Artenschutz). Wer ihn erlangen möchte, kann sich bei der DGHT für die entsprechenden Schulungen und Prüfungen anmelden.

erkennt man z. B. an einem dünnen, oft mit Knicken versehenen Schwanz, an Beinen mit wenig Muskulatur und an Wirbeln und Beckenknochen, die sich durch die Haut bohren. Auch Häutungsreste – besonders an den Zehen, an den Augen und am Ohrloch – weisen auf einen nicht optimalen Zustand hin. Vom Kauf solcher Tiere sollte man Abstand nehmen.
Wie oben beschrieben sind Geckos ektotherme Tiere und müssen deshalb bei Transporten sowohl vor Kälte als auch vor großer Hitze geschützt werden. Zum Transport können sie aufgrund ihrer geringen Größe in sog. Grillen- oder Heimchendosen mit etwas Küchenpapier gesetzt werden. Diese Dosen lassen sich gut in einer Styroporkiste (auch Pick-nick-Taschen mit Styropor-

Utensilien für den Transport von *Gonatodes*-Geckos: Styropor-Kiste, Heimchendose mit Papier, Plastikgefäß für warmes oder kaltes Wasser, je nach Witterung

wänden) stapeln. Bei kalter Witterung kann man im Fachhandel erhältliche Wärmekissen oder einfach eine mit warmem Wasser gefüllte Wärmflasche mit in die Styroporkiste geben. Bei sehr warmer Witterung kann man in der gleichen Weise kaltes Wasser zur Kühlung verwenden. Die Temperatur in der Transporttasche sollte nicht unter 20 °C und nicht über 28 °C liegen.

Beim Kauf von Nachzuchttieren ist das Risiko, mit Parasiten belastete Tiere zu bekommen, vergleichsweise gering. Aber aufgrund des Restrisikos möglicher Infektionen mit Parasiten von anderen, in der gleichen Terrarienanlage gehaltenen Reptilien ist es trotzdem angebracht, neu erworbene Geckos aus Sicherheitsgründen zunächst in Quarantäne zu halten. Dabei können Tiere, die man als Gruppe erworben hat, gemeinsam in einem Behälter untergebracht werden. Ein Quarantäne-Terrarium soll sich leicht reinigen und desinfizieren lassen. Nach der Einwirkzeit muss das Desinfektionsmittel durch ausgiebiges Spülen mit heißem Wasser restlos entfernt werden, da Desinfektionsmittel eine toxische (giftige) Wirkung auf Reptilien haben können. Ein

Größe des Terrariums, Tierbesatz und Einrichtung

DIE Mindestgröße der Terrarien sollte dem „Gutachten über Mindestanforderungen an die Haltung von Reptilien" entsprechen. Dort sind für „tagaktive Arten (*Phelsuma, Lygodactylus, Gonatodes*) als Baum-, Busch- und Pflanzenbewohner" Mindestmaße von 6 x 6 x 8 (Breite x Tiefe x Höhe) angegeben. Diese Angaben müssen jeweils mit der KRL der Tiere in cm multipliziert werden. Sie gelten für ein Männchen und ein Weibchen; für jeden weiteren Gecko werden 15 % der Grundfläche für zwei Tiere addiert. Diese Angaben sind als Mindestangaben zu verstehen; selbstverständlich können die Terrarien auch größer sein!

Da sowohl Männchen als auch Weibchen von *Gonatodes* territorial und damit untereinander unverträglich sind, hält man Geckos dieser Gattung am besten paarweise.

Alle Terrarien sollten mit mindestens zwei Lüftungsflächen

solches Terrarium wird zweckmäßig und übersichtlich – also z. B. nur mit wenigen Ästen, Korkeichenröhren und evtl. Steinen – eingerichtet. Aber auch im Quarantäne-Becken sollte jedes Tier ein Versteck für sich finden können. Der Bodengrund kann aus Küchenpapier oder auch aus sauberem Sand bestehen; beide Materialien lassen sich leicht austauschen. Wärmequellen und Beleuchtung entsprechen denen normaler Terrarien. Am ersten Tag werden die Tiere am besten mit leicht verdaulichen Futtertieren wie z. B. *Drosophila*-Fliegen und Sprühwasser versorgt. Dann werden die Insassen eines Quarantäne-Beckens in der gleichen Weise mit Futterinsekten und Wasser versorgt wie etablierte Pfleglinge. Nur wenn die Tiere sichtbar abgemagert oder träge sind, werden sie in der ersten Zeit häufiger – z. B. jeden Tag – mit Wasser, das mit Vitaminen und Mineralstoffen angereichert wird, und mit ihrerseits gut ernährten Futtertieren versorgt.

Zeigen die Tiere nach einer Quarantänezeit von 5–6 Wochen keinerlei Krankheitsanzeichen, können sie ihr endgültiges Terrarium beziehen.

aus feinmaschiger Drahtgaze ausgestattet sein. Eine gute Durchlüftung ist bei nebeneinanderstehenden Terrarien gewährleistet, wenn sich z. B. eine große Lüftungsfläche an der hinteren oder vorderen Seite und eine zweite Lüftungsfläche mittig auf der Oberseite befinden. Bei freistehenden Terrarien können beide Seitenflächen und die Oberseite aus Gaze bestehen. Die Türen des Terrariums –

Terrarium mit den Maßen (25 cm x 30 cm x 40 cm) für die Haltung eines Paars von *Gonatodes albogularis, G. fuscus* oder *G. vittatus*

DER PRAXISTIPP

Die Geckos lassen sich am besten morgens aus ihrem Terrarium entnehmen, wenn die Beheizung noch nicht eingeschaltet ist und die Tiere noch nicht ihre volle Aktivität erreicht haben. Am einfachsten ist es, die Tiere einzeln in Heimchendosen oder in *Drosophila*-Röhrchen zu bugsieren. Schafft man das nicht, kann man auch den ganzen Ast oder die Korkeichenröhre, auf dem das Tier sitzt, mit langsamen, ruhigen Bewegungen aus dem Terrarium nehmen und ihn in ein größeres Insektenfangnetz legen. Im Netz kann man den Gecko dann leicht in eine Heimchendose scheuchen. Wenn man dann noch ein bisschen Papier in die Behältnisse gibt, kann man die Geckos darin an einem ruhigen Platz belassen und die Reinigungsarbeiten durchführen.

am besten Schwingtüren an der Vorderseite – müssen möglichst dicht schließen, um ein Entweichen kleiner Futtertiere zu vermeiden.

Die Einrichtung der Terrarien soll der Lebensweise der Bewohner angepasst sein. Lebensweise und Lebensraum von *G. albogularis, G. fuscus* und *G. vittatus* sind sich ähnlich, sodass auch die Haltungsbedingungen – mit Ausnahme des Feuchtigkeitsbedarfs – praktisch gleich sind.

Für beide *Gonatodes*-Arten besteht damit die Grundausstattung der Terrarien aus Bodengrund, Ästen mit möglichst rauer Rinde (keine Bambusstäbe), Korkeichenröhren, Steinen und trockenen Blättern sowie einer Topfpflanze. Der Bodengrund besteht aus einer 2–3 cm tiefen Schicht aus Sand oder aus einem Blumenerde-Sand-Gemisch (Verhältnis ca. 1 : 1). Verwendet man Sand aus einer Sandgrube und/oder Walderde und will das Einschleppen von unerwünschten Kleinlebewesen vermeiden, kann man die Substrate vor dem Einbringen in das Terrarium durch Erhitzen (z. B. im Backofen) auf über 100 °C sterilisieren. Bei der Verwendung von käuflicher Blumenerde ist dies in der Regel nicht notwendig. Als Kletter- und Sitzmöglichkeiten dienen senkrecht gestellte Äste und Röhren aus Korkeichenrinde. Bei Nutzung eines Wärmespots (s. Beleuchtung) stellt man einen Ast oder eine Korkeichenrinde schräg unter den Lichtstrahl, sodass die Tiere ihren bevorzugten Wärmebereich auswählen können.

Pflanzen wie *Philodendron*, verschiedene Arten von *Epipremnum* (z. B. Efeutute), *Tradescan-*

tia, Farne oder Bromelien können weitere Aufenthaltsplätze, schattige Stellen sowie Deckungsmöglichkeiten schaffen. Pflanzen setzt man besten in einem Blumentopf mit ständig feucht gehaltener Blumenerde in das Terrarium. Auf dem Boden können kleinere Steine und trockenes Laub verteilt werden. Letzeres sollte dann aber regelmäßig erneuert werden, damit sich dort nicht längerfristig Futtertiere verstecken und heranwachsen können. In größere Terrarien kann man auch eine schmale „Miniaturmauer" aus einsturzsicher übereinandergestapelten Steinen einsetzen.

Mit ihren Zehen können *Gonatodes*-Geckos nicht an Glasscheiben haften. Möchte man die Lauffläche im Terrarium vergrößern, so kann man die Seitenscheiben oder auch die hintere Scheibe – je nachdem, wo sich die Lüftungsfläche befindet – mit einer Zierkork-Rückwand bekleben.

Gonatodes-Geckos kleben ihren mehr oder weniger trockenen Kot in der Regel an die Rinde, an Steine, auf Pflanzen oder legen ihn auf dem Bodensubstrat ab. Der Kot kann aus dem Bodengrund leicht entfernt und von den Ästen, Rindenstücken oder Steinen abgewaschen werden.

DER PRAXISTIPP

Für die Berechnung der Mindestgröße wird hier die maximale KRL von *G. albogularis fuscus* aufgerundet auf 4,5 cm zugrunde gelegt. Nach den Richtlinien ergibt sich für die Haltung von zwei Geckos eine Terrariengröße von mindestens 24 x 24 x 32 cm^3. Solch kleine Terrarien sollte man den Tieren ersparen und Becken mit einer Grundfläche von mindestens 25 x 30 cm^2 oder 30 x 30 cm^2 mit jeweils einer Höhe von mindestens 40 cm wählen. Hält man mehrere *Gonatodes*-Arten oder noch andere klein bleibende, überwiegend baumlebende Geckopaare wie z. B. von *Lygodactylus*, so bietet sich eine „Einheitsgröße" an, z. B. Terrarien mit einer konstanten Tiefe von 30 cm und einer konstanten Höhe von 40 cm. Behälter mit gleicher Tiefe und gleicher Höhe können platzsparend nebeneinander auf Regalen arrangiert werden. Die Breite kann dann jeweils variiert werden.

Auch ein noch so großes Terrarium stellt nur einen kleinen Lebensraum dar, weshalb man unbedingt auf hygienische Verhältnisse achten muss. Terrarien und Einrichtungsgegenstände werden – nach Herausfangen der Bewohner – regelmäßig gesäubert (z. B. heiß abgewaschen); der Bodengrund kann vollständig erneuert werden.

Vergesellschaftung mit anderen Arten

VON einer Vergesellschaftung mit anderen Reptilien ist generell aus folgenden Gründen abzuraten: 1.) unterschiedliche Aktivitätszeiten der Tiere sowie Konkurrenz um Futter und Eiablageplätze führen vermehrt zu Stresssituationen; 2.) ein hoher Tierbesatz – auch in einem entsprechend größeren Terrarium – erschwert den Überblick über den Gesundheitszustand aller Terrarieninsassen. Darüber hinaus sind *Gonatodes* auch einfach zu klein, als dass sie gut mit anderen Reptilien zusammengehalten werden könnten.

Andererseits lassen sich *Gonatodes* – vor allem *G. albogularis* – gut mit Amphibien in einem Paludarium vergesellschaften, und zwar am besten mit Fröschen aus der ebenfalls neotropischen Familie Dendrobatidae. Dann

Beheizung

ZUR Beheizung eignen sich Heizmatten (z. B. Thermolux), die direkt unter den Terrarien liegen. Es gibt auch (kostengünstigere) Heizmatten, die unter das Terrarium geklebt werden; diese lassen sich jedoch bei Umorganisation der Terrarienanlage nur schlecht oder gar nicht wieder entfernen. Dafür aber lassen sie sich auf Seitenwände kleben, was für Terrarien oder Paludarien, deren Wände mit Zierkork beklebt sind, von Vorteil ist. Die Wattzahl der Heizmatten hängt von deren Größe ab.

Zur Haltung von *Gonatodes* eignen sich bei Terrarien mit einer Tiefe von 30 cm Heizmatten der Größe 50 cm x 30 cm (30 W) bzw. 70 cm x 30 cm (35 W). Es können mehrere Terrarien auf einer Heizmatte stehen; z. B. finden vier Terrarien mit einer Grundfläche von 25 cm x 30 cm bzw. vier Terrarien mit einer Grundfläche von 30 cm x 30 cm plus einem schmalen Terrarium für Jungtiere mit einer Grundfläche von 20 cm x 30 cm auf zwei nebeneinander liegenden Heizmatten mit je 30 W bzw. 35 W Platz. Es muss auch nicht unbedingt die gesamte Grundfläche des Terrariums auf der Heizmatte stehen, 2/3 der Grundfläche reichen auch.

sollte das Paludarium so strukturiert sein, dass sowohl Geckos als auch Frösche wichtige Elemente aus ihrem Lebensraum (z. B. Versteck- und Schlafplätze, Eiablageplätze, feuchter Bodenteil, Kletteräste etc.) vorfinden.

Der Versuch, ein Paar *G. albogularis* zusammen mit *Phyllobates vittatus* zu halten, erwies sich als sehr erfolgreich: Beide Arten konnten über Jahre hinweg nachgezüchtet werden. Allerdings erwies es sich als schwierig, die *Gonatodes*-Schlüpflinge aus dem Paludarium herauszufangen, um sie einzeln aufzuziehen.

WUSSTEN SIE SCHON?

Unter einem Terrarium versteht man allgemein einen – oft aus Glas bestehenden – Behälter zur Pflege von Amphibien und Reptilien. Unter einem Paludarium versteht man ein Terrarium mit einem permanenten Wasserteil. Meistens befindet sich vorn im Paludarium der Wasserteil und dahinter der Landteil, der in der Regel ein „Regenwaldbiotop“ darstellt. In solchen Paludarien herrscht aufgrund des Wasserteils eine hohe Luftfeuchtigkeit, daher ist es für eher trockenadaptierte *Gonatodes*-Arten, wie z.B. *G. vittatus*, nicht gut geeignet.

Die Heizzeit der Matten wird über Zeitschaltuhren so eingestellt, dass sich der Bodengrund und die niedrigen Steine tagsüber von 13.00–16.00 Uhr auf bis ca. 30–33 °C aufheizen. Die Lufttemperatur ist niedriger und sollte 30 °C nicht längerfristig überschreiten. Als zusätzliche lokale Wärmequelle kann man einen Wärmespot oder -strahler einsetzen, für den sich Reflektorbirnen oder auch Halogenstrahler mit 25 oder 35 W – je nach Terrarienhöhe – eignen. Am besten richtet man den außerhalb des Terrariums angebrachten Wärmestrahler von oben auf einen schräg stehenden Ast aus. Er wird vormittags und noch einmal während der Mittags- oder frühen Nachmittagszeit für etwa 60 Minuten zugeschaltet. So wird

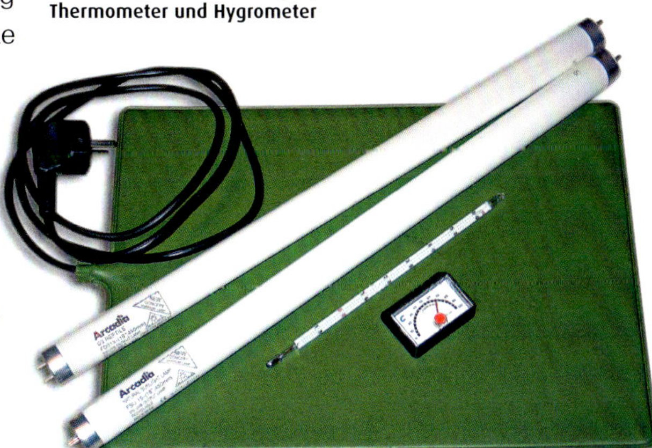

Zubehör für die Terrarientechnik: Heizmatte, Leuchtstofflampen, Thermometer und Hygrometer

lokal und zeitweise eine Temperatur von ca. 34 °C erreicht.

Durch die verschiedenen Heizsysteme entstehen im Terrarium Standorte mit unterschiedlichen Temperaturen, sodass die Tiere Stellen mit ihrer jeweiligen Vorzugstemperatur aufsuchen können. Ab dem späten Nachmittag wird die Temperatur durch Ausschalten der Heizmatten allmählich abgesenkt; nachts sinkt dann

Beleuchtung

GONATODES stellen keine so hohen Ansprüche an die Beleuchtung wie andere tagaktive Geckos (z. B. der Gattungen *Phelsuma* oder *Lygodactylus*). Man kann ihnen jedoch ohne Weiteres eine ähnliche Beleuchtung angedeihen lassen. Die Tiere kommen aus tropischen Regionen, wo Tag- und Nachtlänge etwa gleich sind. Daher werden die Terrarien entweder täglich 12 oder im Winter 11–12 und im Sommer 12–13 Stunden mit Leuchtstofflampen beleuchtet, deren Spektrum weitgehend dem des Sonnenlichts gleicht. In der Terrarienhaltung liegt die Hauptaktivitätszeit von *G. albogularis*, *G. fuscus* und *G. vittatus* in den Vormittags- und Nachmittagsstunden.

Zur Beleuchtung verwendet man am besten zwei verschiedene Leuchtstofflampen, eine mit hoher Lichtleistung (2 % UV-B- und 10 % UV-A-Strahlung, „Daylight"- oder „Natural Sunlight"-Leuchtstofflampe) und eine mit hoher UV-Leistung (5 % UV-B- und 30 % UV-A-Strahlung). Da der Lichtstrom und damit die Beleuchtungsstärke von Leuchtstofflampen im Laufe der Benutzungszeit abfallen, sollte man sie spätestens nach drei Jahren auswechseln. Für UV-Lampen wird ein Austausch nach bereits ca. 1.000 Brennstunden empfohlen.

Mit zwei 120 cm langen Leuchtstofflampen (je 36 W) können mehrere von den oben beschriebenen Terrarien mit einer Tiefe von 30 cm und einer Höhe von 40 cm beleuchtet werden. Die Röhren und ihre Vorschaltgeräte können in einfachen, auch selbstgebauten Reflektoren untergebracht werden. Als Alter-

die Temperatur auf Zimmertemperatur ab. Um kühleres Wetter zu imitieren, kann man die Heizmatten und/oder den Wärmestrahler tageweise nur kurz – z. B. für eine Stunde – einschalten. An heißen Sommertagen werden die Heizmatten ebenfalls nur für kürzere Zeit oder überhaupt nicht eingeschaltet. Zur Kontrolle der Temperatur verbleibt ein Thermometer im Terrarium.

native kommen im Handel erhältliche Reflektoren, die an der Röhre festgeklemmt werden, in Betracht. Da Glas UV-Licht absorbiert, werden die Leuchtstofflampen über dem Gazeteil der Oberseite angebracht. Zusätzlich können Wärmestrahler mit 25 W als lokale Wärmequellen über der Gaze montiert werden. Die Wärmestrahler können vormittags, bevor die Heizmatten den Bodengrund erwärmt haben, während der Mittagszeit und nachmittags für ca. eine Stunde zugeschaltet werden. Die Zeiten können auch variiert werden. Eine Zeitschaltuhr übernimmt das Ein- und Ausschalten der Beleuchtung.

Zur Simulation einer Morgen- und Abenddämmerung kann man spezielle Dimmungsmechanismen verwenden. Ein Dimmungsgerät kann entweder anstelle des normalen Starters eingesetzt werden, oder man verwendet eine elektronische Dimmer-Lampensteuerung, die ein elektronisches Vorschaltgerät, eine Zeitschaltuhr und einen Simulator für eine Dämmerung in sich vereint. In der Regel dauert es bei solchen, leider sehr teuren Geräten zu Beginn und am Ende des Tageszyklus etwa 30 Minuten, bis die Strahlung der Lampe 100 % erreicht. So haben die Geckos mehr Zeit, ihre Verstecke zu verlassen bzw. aufzusuchen.

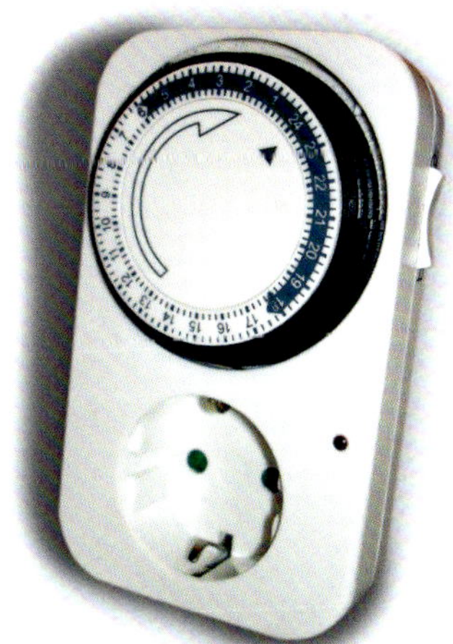
Elektrische Zeitschaltuhr

Luftfeuchtigkeit

IN den hier beschriebenen Terrarien, die mit Heizmatten erwärmt und mit Leuchtstofflampen 12 Stunden beleuchtet werden, liegt die relative Luftfeuchtigkeit tagsüber zwischen 50 und 55 %. Nach dem Überbrausen der Pflanzen und Äste im Terrarium mit Wasser steigt die relative Luftfeuchtigkeit auf 60–80 % und fällt dann langsam wieder ab. Der feucht gehaltene Blumentopf mit der Rankenpflanze trägt zur Erhöhung der

Ernährung

DIE Angehörigen der Gattung *Gonatodes* ernähren sich wie die meisten Geckos von verschiedenen Insekten und anderen Wirbellosen. Von einigen Arten ist die Zusammensetzung der Beutetiere im Freiland aufgrund von Magenuntersuchungen bekannt.

In den Mägen von *G. humeralis* und *G. hasemanni* fanden sich hauptsächlich Insekten und ihre Larven (Heuschrecken, Zikaden und Läuse, Wanzen, Käfer, Fliegen, Hautflügler, Ameisen und Termiten), Spinnen und Schnecken. Einige wenige Geckos hatten sogar Regenwürmer gefressen. Die Zusammensetzung der Beutetiere hängt von der Jahreszeit und anscheinend auch vom Reproduktionszyklus ab, da z. B. sich Weibchen von *G. humeralis* während der Regenzeit überwiegend von Schnecken und Spinnen, die Männchen eher von Käfern ernähren. In dieser Zeit sind die meisten Weibchen fortpflanzungsaktiv und weisen Eier im Eileiter und/oder große Follikel im Ovar auf. In der Trockenzeit, in der bedeutend weniger Weibchen fortpflanzungsaktiv sind, unterscheiden sich die Beutespektren der Geschlechter nicht.

Heimchen (*Acheta domestica*)

Gonatodes sind bezüglich ihrer Nahrung also eher Generalisten, und somit ist es nicht schwierig, sie in der Terrarienhaltung zu ernähren. Geeignet sind: Heimchen, Zweifleckgrillen, Wachs-

relativen Luftfeuchtigkeit bei. Zusätzlich kann für *G. albogularis* und *G. fuscus* auch ein kleiner, mit Steinen bedeckter Teil des Bodengrunds in den Terrarien feucht gehalten werden. Auf diesen zusätzlich feuchten Teil kann in Terrarien für *G. vittatus* verzichtet werden, da diese Art eher eine Vorliebe für trockenere Standorte hat. Mit Hilfe eines Hygrometers wird die Luftfeuchtigkeit im Terrarium überprüft.

mottenlarven, Ofenfischchen, Kleine und Große Essig- oder Obstfliege und Getreideschimmelkäferlarven. Die in der Terraristik häufig als Futtertiere verwendeten Kurzflügelgrillen eignen sich nur bedingt, da diese Grillen erstens die meiste Zeit bewegungslos verharren – oft in Verstecken im Terrarium – und zweitens sehr sprungfreudig sind. Nach Berührung ihrer sehr langen Fühler oder der Sinneshaare auf ihren Körperanhängen können sie aus dem Stand etliche Zentimeter hoch und weit springen. Das Futterspektrum kann noch ergänzt werden durch kleine Käfer wie z. B. Reismehlkäfer und Bohnenkäfer.

Die adulten Geckos werden dreimal pro Woche (z. B. montags, mittwochs,

Zweifleckgrillen (*Gryllus bimaculatus*)

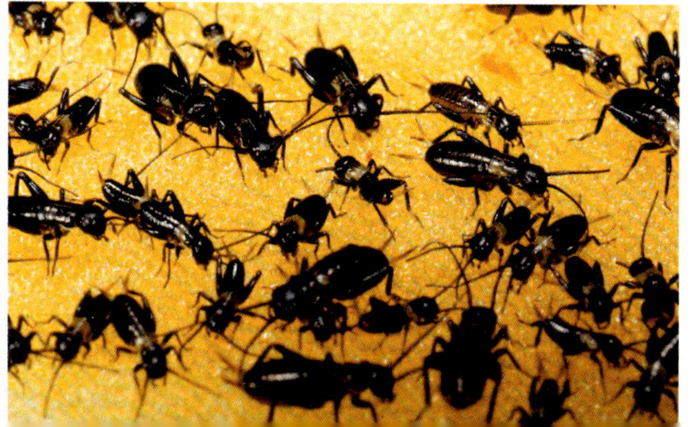

DER PRAXISTIPP

Einige Futterinsekten, wie z. B. Heimchen, Grillen oder *Drosophila*, kann man gewöhnlich das ganze Jahr über im Zoofachhandel kaufen oder auch per Post zugesendet bekommen. Wachsmottenraupen in der für *Gonatodes* benötigten Größe, Ofenfischchen und Getreideschimmelkäferlarven sind nur selten – z. B. auf Terraristikbörsen – erhältlich. Um Engpässe beim Futter, etwa bei ungünstigen Witterungen, und zusätzlich hohe Kosten zu vermeiden, kann man zumindest einige Futtertiere auch selbst züchten. Die hier genannten Futtertiere lassen sich ohne viel Aufwand vermehren. Es gibt etliche hilfreiche Bücher über Futtertierzuchten mit ausführlichen Anleitungen (s. Literatur). Der große Vorteil einer eigenen Futtertierzucht ist der Einfluss des Tierhalters auf die Qualität der Futtertiere, da er sie entsprechend gut halten und vielseitig ernähren kann. Vollwertig ernährte Futterinsekten sind eine der Grundvoraussetzungen für die Gesunderhaltung aller in Terrarien gehaltenen Geckos.

freitags) gefüttert. Aufgrund ihres Aktivitätsrhythmus eignet sich hierzu gut der späte Nachmittag. *Drosophila*-Fliegen, Ofenfischchen, Reismehl- und Bohnenkäfer können als adulte Insekten verfüttert werden. Bei Heimchen, Grillen, Wachsmotten und Getreideschimmelkäfern werden Larven verfüttert, die Körperlängen von ca. 4–6 mm haben. Es ist durchaus ratsam, mehrere kleinere Futtertiere anzubieten, um die Geckos zu erhöhter Bewegungsaktivität zu veranlassen.

Große Obstfliegen (*Drosophila hydei*)

Mit Ausnahme der Getreideschimmelkäferlarven werden die Futterinsekten einfach in das Terrarium gegeben; die Käferlarven werden in kleinen, undurchsichtigen Schälchen angeboten, da sie sich sonst schnell in das Bodensubstrat wühlen. Diese Schalen stellt man auf den Boden am besten in die unmittelbare Nähe des Astes, an dem sich die Tiere bevorzugt aufhalten, und möglichst in Sichtweite der Geckos.

Unter natürlichen Lebensbedingungen scheinen *Gonatodes* kein Fett in der Leibeshöhle zu speichern, da offensichtlich Klima und Vorhandensein von Beutetieren im Verlauf eines Jahres mehr oder weniger konstant sind. Auch Weibchen scheinen keine Fettreserven für die Produktion der Eier anzulegen. Im Terrarium jedoch können auch Angehörige der Gattung *Gonatodes* bei zu gut gemeinter Fütterung wie alle Reptilien eine Fettleber ausbilden. Deshalb sollten ballaststoffreiche

Versorgung mit Wasser

WIE viele Geckos lecken *Gonatodes* gern Spritzwasser von den Blättern oder von den Terrarienwänden. Daher werden Pflanzen und Wände jeden Tag oder jeden zweiten Tag, meistens nachmittags oder am frühen Abend z. B. vor der Fütterung, mit Wasser überbraust. Die Tiere nehmen aber gelegentlich auch Wasser aus Schälchen auf; deshalb

Heimchen und Grillen häufiger angeboten werden als z. B. fettreiche Wachsmottenraupen und Ofenfischchen. Für einen adulten Gecko reicht im Allgemeinen pro Fütterung die folgende Menge an Futterinsekten in don oben angegeben Größen aus: entweder 3–4 Heimchen bzw. Grillen, 3–4 Wachsmottenlarven, 6–8 Große bzw. 8–10 Kleine *Drosophila*-Fliegen, 3–4 Ofenfischchen, 3 Käferlarven oder 3–4 Käfer. Die Futtermenge wird am besten so bemessen, dass die Geckos alle Futterinsekten schon kurze Zeit nach der Fütterung aufgefressen haben.

Anders als viele andere tagaktive Geckos, wie z. B. viele *Phelsuma* oder *Lygodactylus*, mögen *Gonatodes*-Geckos nach meiner Erfahrung weder zerdrückte Bananen noch Fruchtbrei. Damit entfällt leider eine gute Möglichkeit der Vitaminbeimischung.

Wachsmottenraupen (*Galleria mellonella*)

Bohnenkäfer (*Bruchus sp.*)

sollte ihnen immer frisches Trinkwasser zur Verfügung stehen. Dieses kann man z. B. einfach in Schraubverschlüssen von Mineralwasserflaschen anbieten, die man wie das Schälchen mit den Käferlarven am besten direkt neben Äste stellt. So können die Geckos das Wasser leicht von ihrer bevorzugten Sitzposition aus erreichen.

Versorgung mit Vitaminen und Mineralien

AUCH gut ernährte Futterinsekten sollten kurz vor dem Verfüttern mit einem Vitamin/Mineralienpulver eingestäubt werden. Das gilt jedenfalls für Heimchen, Grillen, Wachsmottenraupen, *Drosophila* und Käfer. Bei Ofenfischchen und Getreideschimmelkäferlarven kann man sich das Einstäuben sparen, da das Pulver auf diesen Insekten kaum haften bleibt. Als Vitamin/Mineralienpulver eignet sich sehr gut „Korvimin ZVT + Reptil"; hierbei handelt es sich um ein Gemisch aus Vitaminen und Mineralien, das speziell für Reptilien ausgelegt wurde. Es enthält z. B. größere Mengen an Mineralien und ein für Reptilien geeignetes Kalzium/Phosphor-Verhältnis (15 % Kalzium). Auch das Präparat „CALCAmineral" (Mineralien und Vitamine) kann zum Einstäuben verwendet werden. Beide werden in einem dicht schließenden Gefäß im Kühlschrank aufbewahrt.

Präparate zur Vitamin- und Mineralienversorgung

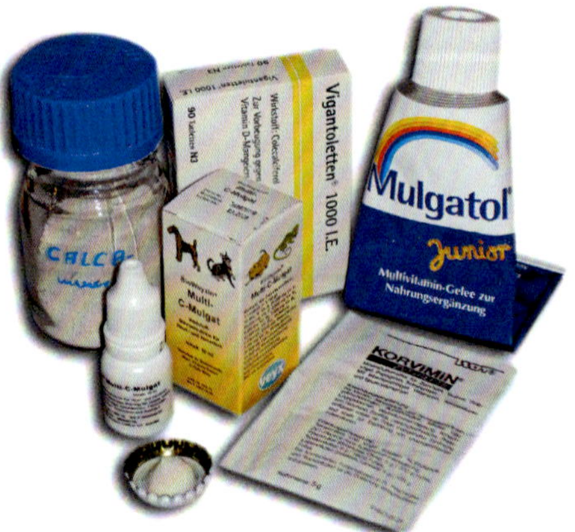

Zur zusätzlichen Versorgung mit Kalzium und Vitamin D_3 bekommen die Tiere alle 2–3 Monate ein mit einem Mörser fein zerriebenes Gemisch aus Eierschalen, wenigen Krümeln einer Vigantoletten-Tablette (Vitamin D_3) und Kalziumlaktat in einer flachen Schale, z. B. in einem Kronkorken. Zusätzliches Kalzium benötigen vor allem die Weibchen zur Produktion der Eischalen, die Kalziumkarbonat in Form von Calcit-Kristallen enthalten. Dieses Gemisch wird anscheinend nur bei Bedarf aufgenommen: Manchmal rühren die Geckos das Gemisch nicht an, beim nächsten Mal werden etliche Krümel „aufgepickt". Völlig geleert wird die Schale in der Regel nicht. Männchen nehmen nur selten oder gar keine Krümel aus dem Gemisch auf.

Als Vitamin D wird eine ganze Gruppe von chemisch ähnlichen Verbindungen (Calciferole) be-

zeichnet, von denen das wichtigste das Colecalciferol (Vitamin D_3) ist. Die biologisch aktive Form des Vitamins ist an der Regulation des Kalzium-Stoffwechsels beteiligt: Sie fördert sowohl die Kalzium-Resorption (Kalzium-Aufnahme) aus dem Darm als auch die Mobilisierung (Herauslösung) von Kalzium aus den Knochen.

Ein Mangel an Vitamin D_3 führt zu Störungen der Knochenbildung und zu Verformungen des Skeletts. Solche Mineralisationsstörungen fallen unter das als Rachitis bekannte Krankheitsbild. Umgekehrt führt eine Überdosierung von Vitamin D_3 aber ebenfalls zu einer Entkalkung der Knochen sowie zu einer erhöhten Kalzium-Konzentration im Blut. Deshalb sollte man mit der Dosierung dieses Vitamins vorsichtig umgehen.

DER PRAXISTIPP

Wenn die Futterinsekten mit einem Vitamin/Mineral-Pulver eingestäubt werden, braucht das Spritzwasser keine Vitamine zu enthalten. Verfüttert man nicht-eingestäubte Insekten, wird das Spritzwasser mit Vitaminen versetzt. Hierzu gibt man zu einem Liter Wasser 1-2 Tropfen „Multi-BioWeyxin“ oder 0,3-0,5 ml „Vitacombex“. Selbstverständlich kann man auch andere Vitaminpräparate verwenden, z. B. die Vitaminlösung „Multibionta“. Verwendet man ein Vitaminpräparat ohne Vitamin D3, wie z. B. „Multi-BioWeyxin“, wird das Spritzwasser zusätzlich mit einer halben Tablette Vigantoletten 1000 (1.000 I.E. Vitamin D3) versetzt. Das Wasser sollte kurz vor Gebrauch frisch zubereitet werden. Zur speziellen Anreicherung mit Vitamin B, C und E kann man auch etwa einmal pro Monat einen großen Tropfen des Multivitamin-Gelees „Mulgatol Junior” in einem Liter Spritzwasser verrühren. Sowohl die Vitamin-Stammlösung als auch das Multivitamin-Gelee und die Vigantoletten werden lichtgeschützt im Kühlschrank aufbewahrt. Das Wassser in den Trinkgefäßen sollte keine zusätzlichen Vitamine enthalten, da diese durch die relativ hohe Temperatur im Terrarium ohnehin schnell abgebaut werden.

Utensilien zur zusätzlichen Kalkversorgung

Krankheiten

ÜBER Krankheiten speziell von *Gonatodes* gibt es nur wenige Informationen. Wie alle Geckos können *Gonatodes* von Parasiten (Endo- bzw. Ektoparasiten = Innen- bzw. Außenparasiten) befallen sein.

Echsen können auch mit Darmbakterien infiziert sein. So wurden bei *G. fuscus Salmonella*- und *Arizona*-Bakterien nachgewiesen, die beim Menschen Diarrhö auslösen können. *Gonatodes fuscus* könnte somit als Reservoir von für den Menschen und auch für Haustiere pathogenen Darmbakterien fungieren, aber in welchem Maße Infektionen über Geckos auf den Menschen übertragen werden, bleibt unklar.

Nachgezüchtete Geckos sollten in der Regel frei von Parasiten sein, sie weisen z. B. in der Regel keine Milben, die häufgsten Ektoparasiten von Geckos, auf. Trotzdem können auch sie gelegentlich mit unterschiedlichen Endoparasiten infiziert sein, z. B. durch „Querinfektionen" von anderen, in der gleichen Terrarienanlage gehaltenen Reptilien. Endoparasiten – Einzeller, Würmer und ihre verschiedenen Entwicklungsstadien – können in Kotproben oder Abstrichen nachgewiesen werden. Kotproben kann man bei Tierärzten – am besten nach vorhergehender Absprache – für eine kostenpflichtige Untersuchung. Kotproben kann man aber auch an verschiedene Institute zur Untersuchung einschicken. Man erhält das Resultat und Angaben über Behandlungsmöglichkeiten.

Bei den meisten Erkrankungen von Reptilien sollte ein Tierarzt konsultiert werden. Eine Liste von Tierärzten, die Erfahrung mit der Behandlung mit Reptilien haben, findet man auf der Internetseite der DGHT. Aber auch ein reptilienkundiger Tierarzt kann etwas ratlos vor der Behandlung von derart kleinen Geckos stehen.

Die Dosierung eines möglicherweise verordneten Medikaments sowie die Verabreichung bei Tieren mit derart geringen Gewichten und Körpergrößen ist nicht so einfach. Flüssige Medikamente kann man in etwas Früchtebrei mischen und diesen dann den Geckos – auch wenn sie Brei eigentlich nicht

mögen – mit Hilfe eines kleinen Spatels auf die Schnauzenspitze streichen. Mit ein wenig Glück wird der Gecko den Brei ablecken. Dieses Verfahren kann man einige Male wiederholen. Es besteht allerdings keinerlei Kontrolle darüber, wieviel vom Medikament das Tier wirklich aufnimmt.

Bei Erkrankungen, die während der Terrarienhaltung auftreten, handelt es sich in der Regel um Folgen von Haltungs- und Ernährungsfehlern. Besonders häufig treten Häutungsschwierigkeiten, Rachitis und Legenot auf.

Unter Häutungschwierigkeiten versteht man in der Terraristik meistens eine unvollständige Häutung. Häutungsschwierigkeiten können aber auch zu häufige oder verzögerte Häutungen sein. Eine unvollständige Häutung kann auf zu einer hohen Temperatur und/oder einer zu geringen Luftfeuchtigkeit im Terrarium beruhen. Auch Vitaminmangel – besonders an Vitamin A – kann Häutungsschwierigkeiten verursachen. Ein betroffenes Tier kann man in lauwarmem Wasser baden, um die Hautreste einzuweichen. Danach kann man versuchen, diese vorsichtig – ohne Gewalt! – abzuziehen. Alternativ kann man auf die betroffenen Hautpartien mit einem Pinsel ganz dünn Lebertran auftragen. Durch die lokale Zufuhr von Vitamin A löst sich dann oft der Hautrest ab. Bei schweren Häutungsfehlern bleibt nur der Gang zum Tierarzt.

ADRESSEN FÜR KOTPROBEN-UNTERSUCHUNGEN UND SEKTIONEN (BEISPIELE)

Exomed
Erich-Kurz-Str. 7
10319 Berlin
Tel.: 030-5112008
E-Mail: labor@exomed.de
www.exomed.de

Universität München
Institut für Zoologie, Fischereibiologie und Fischkrankheiten der tierärztlichen Fakultät
Kaulbachstr. 37
80539 München
Tel.: 089-2180-2687
E-Mail: office@zoofisch.vetmed.uni-muenchen.de
www.vetmed.lmu.de/zoofisch/

Chemisches und Veterinäruntersuchungsamt Ostwestfalen-Lippe
Westerfeldstr. 1
32758 Detmold
Tel.: 05231-9119
E-Mail: poststelle@cvua-detmold.nrw.de
www.cvua-owl.nrw.de

Rachitische Erscheinungen sind Knochenstoffwechselstörungen, die in den meisten Fällen auf einer ungenügenden Zufuhr von Vitamin D_3, einem zu niedrigen Kalkangebot oder einem ungünstigen Kalzium-Phosphor-Verhältnis beruhen. Sie äußern sich in einer Verkrümmung der Wirbelsäule, weichen Kieferknochen und Deformation der Gliedmaßen. Diese schweren Mangelerscheinungen können mit vom Tierarzt dosierten Vit-

Paarungsverhalten

AUFGRUND des scheuen Verhaltens von *Gonatodes* ist es nicht einfach, Paarungen zu beobachten. Das Männchen nähert sich dem Weibchen, hält dabei häufig an und bewegt den Kopf seitlich (seitliches Kopfschütteln). Oftmals „stolziert" das Männchen geradezu während der Annäherung. Das Weibchen bleibt entweder bewegungslos sitzen und hält Körper und Schwanz nahe am Boden oder es flüchtet. Einem verweilenden und damit möglicherweise paarungswilligen Weibchen präsentiert sich das Männchen von der Seite

Eiablage

BEI *Gonatode* besteht ein Gelege aus einem einzigen, nahezu kugeligen Ei, das eine kalkige Schale hat. Bei *G. fuscus* ist die Schale ca. 45 µm (0,045 mm) dick. Die Hauptlegezeit bei *G. fuscus* in Costa Roca liegt zwischen März und Dezember. Während der Trockenzeit von Dezember bis April findet man weniger Eier. Dabei ist nicht bekannt, ob weniger Weibchen Eier legen, oder ob sie in größeren Zeitabständen Gelege produzieren. *Gonatodes albogularis* aus einem tropischen Trockenwald der Anden mit zwei Regenzeiten weist ebenfalls eine kontinuierliche Fortpflanzung auf, wie auch *G. vittatus* auf Trinidad. Sowohl *G. albogularis* als auch *G. fuscus* und *G. vittatus* können im Freiland pro Monat ein Ei produzieren. Die Weib-

amin D_3- und Kalziumgaben sowie zusätzlicher UV-Bestrahlung behandelt werden.

Legenot (Unvermögen der Weibchen, reife Eier abzulegen) kann viele Ursachen haben, z. B. das Fehlen geeigneter Eiablageplätze, zu niedrige Haltungstemperaturen, Wettkampf um Ablageplätze bei zu hohem Tierbesatz, Infektionen des Eileiters oder Störungen des Mineralhaushaltes. Auch hier ist der Besuch eines Tierarztes nötig.

und nähert sich ihm auch von der Seite. Dieses Verhalten kann bei einem paarungsunwilligen Weibchen ein abwehrendes Schwanzschlagen mit anschließendem Rückzug auslösen. Manchmal jagt das Männchen noch hinter dem Weibchen her, bevor es aufgibt. Ein paarungsbereites Weibchen verhält sich passiv, sodass das Männchen auf das Weibchen kriechen und den für Echsen typischen Nackenbiss anbringen kann. Das Weibchen hebt seine Schwanzwurzel leicht an, sodass das Männchen einen Hemipenis in die Kloake des Weibchens einführen kann.

chen verstecken die Eier unter der Rinde von Baumstämmen, in Spalten in der Rinde, unter Wurzelgeflecht oder sogar in Mauerritzen; dabei können mehrere Weibchen zusammen ein Versteck nutzen. In der Kanalzone Panamas wurden mehrere Eier in einer Höhlung in der Borke eines Guácimo-Baumes (*Luehea seemannii*) ca. 1,5 m über dem Boden gefunden.

Auch im Terrarium legen die Weibchen fast das ganze Jahr über in Abständen von 4–5 Wochen jeweils ein Ei ab; manchmal kommt es zu einer Legepause von 1–4 Monaten. So kann man von einem Weibchen

Blumentopf (ca. 4 cm Durchmesser) als Eiablageplatz

Dieses Ei von *Gonatodes albogularis* wurde auf Blumenerde abgelegt.

ca. 9–12 Eier in einem Jahr erhalten. Da Weibchen Spermien speichern können, sind sie auch nach einer Trennung vom Männchen in der Lage, noch mehrere befruchtete Eier abzusetzen. Wenn ein Ei kurz vor der Eiablage bereits beschalt im Ovidukt liegt, kann man es durch die Bauchhaut des Weibchens hindurchschimmern sehen.

Als Eiablageplätze im Terrarium dienen kleine Rindenstücken auf der feuchten Erde des Blumentopfes oder ein weiterer, kleiner, mit Sand gefüllter und ebenfalls mit Rinde und/oder Laubblättern abgedeckter Blumentopf. Diese vorgefertigten Ablageplätze erleichtern das Auffinden der Eier sehr, werden jedoch nicht immer von den Weibchen angenommen. Weibchen von *G. a. albogularis* und

Inkubation der Eier

DIE Eier kann man sowohl im Terrarium als auch in einem thermostatgeregelten Inkubator oder Wärmeschrank ausbrüten. Bei einer Zeitigung

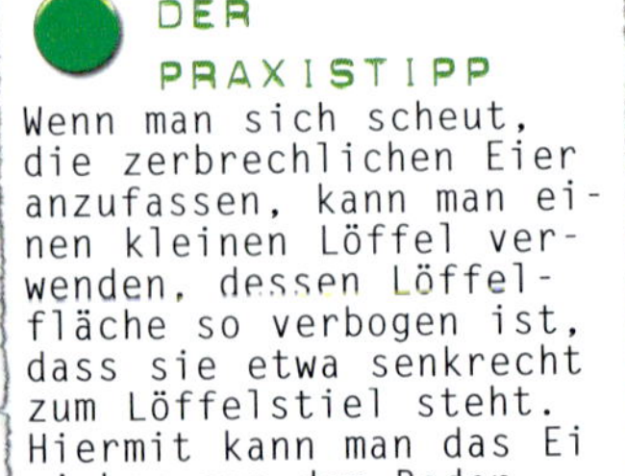

DER PRAXISTIPP

Wenn man sich scheut, die zerbrechlichen Eier anzufassen, kann man einen kleinen Löffel verwenden, dessen Löffelfläche so verbogen ist, dass sie etwa senkrecht zum Löffelstiel steht. Hiermit kann man das Ei sicher aus dem Bodengrund oder dem Sand der Ablageschalen heben.

im Inkubator eignen sich Temperaturen von 26–29 °C. Die Eier werden (ohne sie um ihre horizontale Achse zu rollen) aus dem Terrarium entfernt und in den Inkubator überführt.

Im Inkubator können die Eier in Mulden einer Schaumstoffunterlage gelegt werden. Ein kleines Gefäß mit Wasser im Inkubator reicht zum Erhalt der nötigen Luftfeuchtigkeit aus.

Werden die Eier im Terrarium inkubiert, sollte man sie mit einem umgedrehten, kleinen

G. fuscus nehmen ihn häufig an, Weibchen von *G. vittatus* dagegen in der Regel nicht. Sie legen ihre Eier entweder auf dem Boden, in der Korkeichenröhre oder im Blumentopf ab. Meistens liegen die Eier offen auf dem Substrat, sie werden nur selten vergraben.

Eier von *Gonatodes vittatus* auf Sand abgelegt: links schon dunkel verfärbtes Ei fünf Wochen nach der Ablage, rechts noch hellgelbes Ei kurz nach der Ablage

Das Ei von *G. albogularis* ist ca. 6 x 7 mm, das von *G. fuscus* ca. 7 x 8 mm und das von *G. vittatus* ca. 6 x 7 mm groß. Die Oberfläche des Eis ist bei allen regelmäßig mit Sandkörnern oder mit Krümeln von Erde besetzt, unabhängig davon, ob es vergraben oder offen abgelegt wurde. Das Weibchen wälzt das Ei vor dem Erhärten der Schale auf dem Boden, sodass die Krümel an der noch klebrigen Oberfläche hängenbleiben.

Becher abdecken, dessen Boden aus feinmaschiger Gaze oder Gardine besteht. So kann man die Schlüpflinge abfangen und vor Nachstellungen der Elterntiere schützen.

Unter der Eischale schimmern frisch abgelegte Eier gelblich, nach einigen Tagen werden die Eier rosa und dann mit fortschreitender Embryonalentwicklung dunkel. Bei einer Zeitigung im Inkubator bei Temperaturen von 26–29 °C schlüpfen die Jungtiere von *G. albogularis* und *G. fuscus* nach 80–90 Tagen, die von *G. vittatus* nach 70–75 Tagen. Unter den Klimabedingungen im Freiland, z. B. in Costa Rica,

Becher zur Sicherung eines Eis bzw. eines Schlüpflings

schlüpfen die Jungtiere von *G. fuscus* erst nach vier Monaten. Anscheinend liegen weder für *G. albogularis* noch für *G. fuscus* oder *G. vittatus* Daten in der Literatur vor, ob bei ihnen das Geschlecht genetisch oder temperaturabhängig festgelegt wird (genotypische oder temperaturabhängige Geschlechtsdetermination). Für *G. ceciliae* wird eine genotypische

Größe und Färbung der Schlüpflinge und Jungtie

DIE Schlüpflinge von *G. albogularis* und *G. fuscus* haben eine KRL von 14–16 mm bei einer Gesamtlänge von 33–35 mm und wiegen ca. 130–140 mg. Die Schlüpflinge der beiden Arten sind kaum voneinander zu unterscheiden; sie gleichen wie bei allen *Gonatodes* den Weibchen. Allerdings ist ihre Grundfärbung etwas dunkler, und die Zeichnung aus hellen und dunklen Flecken auf dem Rücken und auf dem Schwanz ist noch etwas feiner. Eine Andeutung des hellen „Halsbandes" ist schon zu erkennen. Die gesamte Unterseite ist weißlich. Junge Männchen färben sich im Alter von ca. 6–8 Monaten um; dabei wird zuerst der Kopf orange bzw. rötlich.

Die Schlüpflinge von *G. vittatus* haben eine KRL von 15–16 mm bei einer Gesamtlänge von 31–33 mm und ein Gewicht von 120–130 mg. Auch bei *G. vitttaus* gleichen die Schlüpflinge im Aussehen den

Zwei Tage alter Schlüpfling von *Gonatodes albogularis*

Geschlechtsdetermination (XX/XY-Mechanismus) angegeben. Jedoch kann man daraus nicht schlussfolgern, das sei bei allen Gattungsangehörigen der Fall, da beide Typen der Geschlechtsdetermination auch innerhalb einer Gattung vorkommen können.

WUSSTEN SIE SCHON?
Die Determination (Festlegung) des Geschlechts erfolgt bei Wirbeltieren hauptsächlich auf zwei Wegen. Bei der genotypischen Geschlechtsdetermination ist die Ausbildung des Geschlechts im Erbmaterial – in den Genen – verankert; das Geschlecht wird also vererbt und bereits während der Befruchtung unabänderlich festgelegt. Bei der temperaturabhängigen Geschlechtsdetermination hängt das Geschlecht primär von der Höhe der Temperatur ab, bei der die Eier inkubiert werden. Bei vielen Geckoarten schlüpfen bei niedrigeren Temperaturen

Weibchen: Sie weisen die gleichen Fleckenpaare in ähnlicher Anordnung wie die Weibchen auf. Allerdings ist ihre dunkelgraue bis braune Grundfärbung deutlich dunkler. Auf der Schwanzoberseite sind die Flecken noch besser tieren verläuft dorsal ein hellerer Streifen von der Schnauzenspitze bis zum Schwanz,

Vier Tage alter Schlüpfling von *Gonatodes vittatus*

zu erkennen als bei adulten Tieren. Die Unterseite der Schlüpflinge ist cremefarben, manchmal grauweiß.

Wenn die Jungtiere ca. 3 Monate alt sind, kann man mit ein wenig Übung schon das Geschlecht erkennen: Bei männlichen Jungwährend bei weiblichen Jungtieren der helle Streifen erst hinter den Augen beginnt. Im Alter von ca. 7–8 Monaten bilden die Männchen die typische Rotfärbung des Kopfes, des Rückens und/oder der Flanken aus.

Unterbringung von Schlüpflingen und Jungtieren

AM besten bringt man Schlüpflinge und Jungtiere von *Gonatodes* einzeln unter. In den ersten 4–6 Lebenswochen beziehen sie eine zum Kleinstterrarium umgestaltete, durchsichtige Plastikdose mit den Maßen 10 cm x 10 cm x 14 cm. Die Dose hat wie die Glasterrarien zwei Lüftungsflächen, eine im Deckel (ca. 7–8 cm Durchmesser) und eine an einer Seite (ca. 6 cm Durchmesser).

Aufzuchtdose für Schlüpflinge von Gonatodes-Geckos bis zu einem Alter von ca. 6 Wochen

Der Bodengrund der Aufzuchtdosen besteht wie bei den Terrarien für adulte Tiere aus Sand oder einem Sand-Blumenerde-Gemisch, die Einrichtung aus einem kleinen, flach auf den Boden gelegten Stein, einem kleinen Ast und einem senkrecht gestellten Korkeichenrindenstück. Ein winziger Blumentopf oder auch ein mit Watte geschlossenes Glasröhrchen mit einer Rankenpflanze, z. B. *Philodendron* oder Efeu,

Aufzucht von Schlüpflingen und Jungtieren

DIE Schlüpflinge der *Gonatodes*-Geckos nehmen in den ersten 1–2 Tagen nach dem Schlupf keine Nahrung auf, sondern zehren noch vom Dottermaterial. Dann gehen sie selbständig ans Futter. Jungtiere bis zum Alter von 2–3 Monaten werden täglich mit 3–4 kleinen Exemplaren der normalen Futtertiere versorgt. Als Futtertiere eignen sich kleine *Drosophila*-Fliegen, Wachsmottenraupen (ca. 2–4 mm), kleine Larven des Ofenfischchens sowie frisch geschlüpfte Grillen und Heimchen („Micros"). Ältere Jungtiere erhalten wie die adulten Geckos nur noch drei- bis viermal pro Woche Futter. Als Trinkwassergefäß eignen sich für Schlüpflinge nur sehr niedrige Schalen

Lebensalter von *Gonatodes*-Geckos

IM Freiland bestimmen zahlreiche Fressfeine und Parasiten die Lebenserwartung der Geckos. Für *G. vittatus* auf Trinidad wird eine Lebenserwartung von 3–4 Jahren ange-

kann die Einrichtung bereichern, ist jedoch nicht unbedingt notwendig. Die Dosen stehen auf Heizmatten und werden mit den gleichen Leuchtstofflampen beleuchtet wie die Terrarien.

Im Alter von ca. 6–8 Wochen werden die Jungtiere in eine größere Plastikdose mit den Maßen 12 cm x 12 cm x 17 cm umgesetzt. Im Alter von ca. 16–18 Wochen können die Jungtiere ein kleines Terrarium mit den Maßen 20 cm x 30 cm x 25 cm oder 25 cm x 25 cm x 25 cm beziehen. Hier können sich zwei gleich große Jungtiere ein Terrarium teilen; allerdings muss man darauf achten, dass allen Tiere ein Versteckplatz zur Verfügung steht und nicht ein Tier alle Futtertiere für sich beansprucht. Die Aufzuchtterrarien werden genauso beheizt, beleuchtet und eingerichtet wie die der adulten Geckos.

wie z. B. Kronkorken. Da das Wasser aus diesen sehr schnell verdunstet und die Geckos lieber Wassertropfen von Blättern und Terrarienwänden lecken, kann man auch darauf verzichten und dafür jeden Tag mit wenig Wasser sprühen.

Im Alter von 10–12 Monaten sind die Jungtiere von *G. albogularis*, *G. fuscus* und *G. vittatus* erwachsen und geschlechtsreif. Im Freiland erwiesen sich Junggeckos von *G. albogularis* aus Kolumbien mit einer KRL von ca. 31 mm als geschlechtsreif.

DER PRAXISTIPP

Auch nach jahrelanger Haltung zeigen selbst nachgezüchtete Geckos das gleiche scheue Verhalten wie Tiere im Freiland. Im Terrarium sitzen sie meist versteckt an der Hinterseite der größeren Äste oder Röhren aus Korkeichenrinde, und man sieht nur oben den Kopf hervorschauen. Nur wenn sie sich völlig ungestört wähnen, klettern sie offen herum. Nähert man sich dem Terrarium, ziehen sie sich sofort zurück. Am besten kann man *Gonatodes* daher auch im Terrarium aus größerem Abstand mit einem Fernglas beobachten (kein Scherz - ein kleines „Leitz Trinovid“ o. Ä. ist ideal!).

geben. Im Terrarium beträgt die Lebenserwartung von *G. vittatus* ca. 10 Jahre, auch *G. albogularis* wird mindestens 7–8 Jahre alt.

Danksagung

MEIN Dank gilt Herrn R. Hilgenhof, Herrn Dr. R. König, Frau Dr. G. Küpper und Herrn Erwin Schröder, die mir freundlicherweise Fotos zur Verfügung stellten. Ebenso danke ich Frau I. Bouaita, die mir Geckos für Fototermine auslieh.

Weitere Informationen

ZUR Vertiefung der in diesem Buch gegebenen Informationen und zum tieferen Einblick in terraristische und herpetologische Themenbereiche empfehlen sich die Mitgliedschaft in einem Verein gleich gesinnter Terrarianer sowie ein intensives Literaturstudium. Die folgenden Auflistungen sollen dabei behilflich sein, einen Einstieg in die Thematik zu finden, können aber natürlich nur einen kleinen Ausschnitt aufzeigen.

Vereine und Interessengruppen

Die Deutsche Gesellschaft für Herpetologie und Terrarienkunde (DGHT; www.dght.de; DGHT e.V., Postfach 1421, 53351 Rheinbach, Tel.: 02225-703333, E-Mail: gs@dght.de) ist mit über 8.000 Mitgliedern die weltweit größte Gesellschaft ihrer Art und bringt Wissenschaftler und Hobbyherpetologen zusammen. Mitglieder erhalten verschiedene herpetologisch/terraristische DGHT-Zeitschriften und haben Zugriff auf ein Kleinanzeigen-Internet-Portal.

Weibchen von *Gonatodes albogularis* im Alter von 10 Monaten

Zeitschriften

- REPTILIA, TERRARIA
Terraristik-Fachmagazine erscheinen je sechs Mal jährlich, mit Internetportal für Kleinanzeigen
Natur und Tier - Verlag GmbH
An der Kleimannbrücke 39/41
48157 Münster
Tel.: 0251-133390
E-Mail: verlag@ms-verlag.de
www.reptilia.de

- Sauria
Terraristik und Herpetologie erscheint vier Mal jährlich
Terrariengemeinschaft Berlin e.V.
Bruno Treu, Christstr. 10
14059 Berlin
E-Mail: abo@sauria.de
www.sauria.de

- DRACO
Terraristik-Themenheft erscheint vier Mal jährlich Natur und Tier - Verlag, s. o.

- DATZ
Die Aquarien- und Terrarien-Zeitschrift erscheint monatlich
Verlag Eugen Ulmer
Wollgrasweg 41
70599 Stuttgart
www.datz.de

- Gekkota
Gecko-Fachartikel, deutschsprachige Artikel mit engl. Zusammenfassung
Herausgeber: Herr Herbert Rösler, Ferdinand-Freiligrath-Straße 51, 06502 Thale

- Gekko
Gecko-Fachartikel, englischsprachig
Global Gecko Association (GGA)
4920 Chester Street, Spencer, OK 73084-2560, USA
www.gekkota.com

Weiterführende und verwendete Literatur

AVILA-PIRES, T.C.S. (1995): Lizards of Brazilian Amazonia (Reptilia: Squamata). – Zoologische Verhandelingen, Leiden (National Naturhistorisch Museum)

BÖHME, W. (2004): Sauropsida (Teil "Rezente Reptilien"). – In: Spezielle Zoologie, Teil 2: Wirbel- oder Schädeltiere. Hrsg.: Westheide, W & R. Rieger, Elsevier GmbH, München; S. 341-391.

BOULENGER, G.A. (1885): Catalogue of the lizards in the British Museum (Natural History), London, 2. Auflage, 1: 1-497.

BRUSE, F., W. Schmidt & W. MEYER (2003): PraxisRatgeber Futtertiere. – Edition Chimaira, 143 S.

DUELLMAN, W. E. & A. SCHWARTZ (1958): Amphibians and reptiles of southern Florida. – Bull. Florida State Mus., Gainesville, 3: 181-325.

FITCH, H. S. (1973): A field study of Costa Rican Lizards. – Univ. Kansas Sci. Bull., Lawrence, 50:39-126.

GRANT, C. (1940): The herpetology of Jamaica. II. The reptiles. – Bulletin of the Insitute of Jamaica, 1: 61-148.

HEATWOLE, H. (1966): Factors affecting orientation and habitat selection in some geckos. – Z. f. Tierpsychol., Berlin, Hamburg, 23: 303-314.

HEATWOLE, H. & O. W. SEXTON (1966): Herpetofaunal comparisons between two climatic zones in Panama. – Am. Midland Nat., Notre Dame, 75: 45-60.

HEDGES, S. B. (1996): The origin of West Indian amphibians and reptiles. S. 95-128. – In: POWELL, R. & R. W HENDERSON (Hrsg.) Contributions to West Indian Herpetology: A tribute to Albert Schwartz. Society for the Study of Amphibians and Reptiles, Ithaca (New York)

HUMMELINCK, P. W. (1940): Studies on the fauna of Curaçao, Aruba, Bonaire and the Venezuelna islands. – Dissertatie, Utrecht

KLUGE, A.G. (1995): Cladistic relationships of sphaerodactyl lizards. – Am. Mus. Nov., New York, 31

KOURANY, M., S.R. TELFORD (1981): Lizards in the ecology of salmonellosis in Panama. – Applied and Environmental Microbiology 41: 1248-1253.

KRYSKO, K. (2005): Ecological status of the introduced yellow-headed gecko, *Gonatodes albogularis* (Sauria: Gekkonidae), in Florida. – Florida Scientist 68: 272-280.

MCBEE, K., J.W. BICKHAM & J.R. DIXON (1987): Male heterogamety and chromosomal variation in Caribbean geckos. – J. Herpetol. 21: 68-71.

MECHLER, B. (1968): Les Geckonidés de la Colombie – Rev. Suisse Zool., Genf, 75 (10): 305-371.

MYERS, C. W. & A. S. RAND (1969): Checklist of amphibians and reptiles of Barro Colorado Island, Panama, with comments on faunal change and sampling. – Smithsonian Contrib. Zool., Washington, 10: 1-11.

MURPHY, C.J. (1997): Amphibians and reptiles of Trinidad and Tobago. – Krieger Publishing Company, Malabar, Florida, 246 S.

PERSAUD, D., N. WERNER & Y.L. WERNER (2003): Foraging behaviour of three sphaerodactylin [sic] geckos on Trinidad and Tobago (Sauria: Gekkonomorpha: Sphaerodactylini: *Gonatodes*). – Journal of Natural History 37: 1765-1777.

POWELL, R. & HENDERSON, R.W. (Hrsg.) Contributions to West Indian Herpetology: A tribute to Albert Schwartz. Society for the Study of Amphibians and Reptiles, Ithaca (New York), S. 51-93.

Powell, R., R.W. Henderson (2005): A new species of *Gonatodes* (Squamata: Gekkonidae) from the West Indies. – Carib. J. Sci. 41: 709-715.

Quesnel, V.C. (1957): The life history of the streak lizard, *Gonatodes vittatus*. – Journal of the Trinidad Field Naturalists' Club 1957: 5-14.

Quesnel, V.C., N. Werner & Y.L. Werner (2002): Field and captivity observations on *Gonatodes vittatus* (Reptilia: Gekkonomorpha: Sphaerodactylini) in Trinidad and Tobago. – Living World, Journal of the Trinidad and Tobago Field Naturalists' Club 2002: 8-18.

Rivas, G. & C.R. Molina (2003): New records of reptiles from the Orinoco Delta Amacuro State, Venezuela. – Herpetological Review 34: 171.

Rivas, G., G.N. Ugueto, A.M. Bauer, T. Barros & J. Manzanilla (2005): Expansion and natural history of a successful colonizing gecko in Venezuela (Reptilia: Gekkonidae: *Hemidactylus mabouia*) and the discovery of *H. frenatus* in Venezuela. – Herpetological Review 36: 121-125.

Rivas, G., G.N. Ugueto, C.L. Barrio-Amorós, T.R. Barros (2006): Natural history and color variation of two species of *Gonatodes* (Gekkonidae) in Venezuela. – Herpetological Review 37: 412-416.

Rivas, G. & W. Schargel (2008): Gecko on the rocks: an enigmatic new species of *Gonatodes* (Sphaerodactylidae) from inselbergs of the Venezuelan Guayana. – Zootaxa 1925: 39-50.

Röll, B. (2003): *Gonatodes albogularis* (Duméril & Bibron). – Sauria, Suppl., Berlin, 2003, 25 (3): 577-580.

Röll, B. & E. Schröder (2000): *Gonatodes vittatus* (Lichtenstein). – Sauria, Suppl., Berlin, 22 (3): 503-506.

Schwartz, A. & R. W. Henderson (1991): Amphibians and Reptiles of the West Indies: Descriptions, Distributions, and Natural History. – Gainesville, Florida (University Florida Press), v-xvi, 1-720

Seidel, M.E., & R. Franz (1994): Amphibians and reptiles (exclusive of marine turtles) of the Cayman islands. S. 407-434. – In: Brunt, M.A. and Davies, J.E. (Hrsg.) The Cayman Islands: Natural History and Biogeography. Kluwer Academic Publishers, Netherlands. 576 S.

Serrano-Cardozo, V.H., M.P. Ramírez-Pinilla, J.E. Ortega & L.A. Cortes (2007): Annual reproductive activity of *Gonatodes albogularis* (Squamata: Gekkonidae) living in an anthropic area in Santander, Colombia. – South Amer. J. Herpetol. 2: 31-38.

van Buurt, G. (2005): Field guide to the Amphibians and Reptiles of Aruba, Curaçao and Bonaire. – Edition Chimaira, Frankfurt am Main, S. 1-137.

Vanzolini , P.E. & E.E. Williams (1962): Jamaican and Hispaniolan *Gonatodes* and allied forms (Sauria, Gekkonidae). – Bull. Mus. Comp. Zool., Harvard University, 127: 479-498

Wermuth, H. (1965): Liste der rezenten Amphibien und Reptilien: Gekkonidae, Pygopodidae, Xantusiidae. – Das Tierreich, 80: 1-246.

Weibchen von *Gonatodes vittatus* mit besonders kontrastreichem Punktemuster